Milton D. Heifetz
Wil Tirion

Knaurs kleiner Sternenführer

Aus dem Englischen
von Doris Gerstner

KNAUR

Originaltitel: A Walk Through the Heavens
Originalverlag: Cambridge University Press, Cambridge GB

Dieses Buch wurde auf chlor- und säurefrei gebleichtem Papier gedruckt.
Die Folie des Einbandes sowie die Einschweißfolie sind
PE-Folien und biologisch abbaubar.

Umschlaggestaltung: ZERO Werbeagentur, München
Satz: QuarkXPress im Verlag
Druck und Bindung: Franz Spiegel Buch GmbH, Ulm
Printed in Germany
ISBN 3-426-66400-3

4 5

Gewidmet unseren Enkeln

Elena, Sari, Ariel, Jenny, Litan, Ilan, David,
Ariana, Ori und allen, die noch geboren werden

Inhalt

Danksagung

Für wertvolle Anregungen und für die akribische Durchsicht des Manuskripts bin ich Larry Schindler vom Smithsonian-Hayden Planetarium in Boston und dem jüngst verstorbenen George Lovi vom Hayden Planetarium in New York zu großem Dank verpflichtet. Mein herzlicher Dank gilt ferner Robert Kimberk und Freeman Deutsch vom Harvard University Center of Astrophysics, Van Del Chamberlain vom Hansen Planetarium in Salt Lake City sowie William Luzader.

Einleitung

Dieses Buch ist für all jene geschrieben, die den Sternenhimmel mit Staunen betrachten und den Wunsch haben, ihn genauer zu kennen.
Damit wir angesichts der Myriaden von Sternen nicht die Orientierung verlieren, müssen wir zunächst erkennen, was wir sehen. Einen Nachbarn bei seinem Namen zu nennen ist der erste Schritt zur Freundschaft. Ebenso müssen wir die Namen der Sterne und Sternbilder kennen, bevor wir uns mit ihnen anfreunden können.
Bei einem Streifzug durch die Sternbilder werden wir die Unermeßlichkeit und Stille des nächtlichen Firmaments spüren. Eine eher persönlich gefärbte Ansicht des Sternenhimmels vermitteln die Legenden über die Sternbilder im dritten Teil des Buches. Indem wir die Menschen und Lebewesen kennenlernen, die nach altüberlieferten Vorstellungen die Sternbilder bevölkern, wächst unser Gefühl der Verbundenheit mit den Sternen.
Unsere Wanderung führt uns zunächst zu den hellsten Gestirnen am Nachthimmel. Sobald wir uns mit ihnen vertraut gemacht haben, weisen sie uns den Weg zu den weniger hellen Sternen.
Es genügt jedoch nicht, ein Sternbild nur zu finden. Man sollte versuchen, die Beziehungen zwischen den Sternbildern zu erfassen. Dies ist am einfachsten, wenn man verschiedene Wege zu den Sternbildern kennt.
Höchstwahrscheinlich fielen schon den frühen Höhlenmenschen jene Sterngruppen auf, die wir heute als Sternbilder bezeichnen. Sternkonstellationen wurden bereits vor mehr als 5000 Jahren aufgezeichnet, und vor 2400 Jahren legte der griechische Astronom Eudoxos, ein Schüler Platons, Listen solcher Sternmuster an. Ptolemäus, der vor rund 1900 Jahren lebte, erstellte eine Liste von 48 Sternbildern, die bis heute weitgehend gültig ist. Später fügten Johann Bayer (1572–1625), Johannes Hevelius (1611–1687) und Nicolas de Lacaille (1713–1762) dieser Liste weitere Sternbilder hinzu. Astronomen sprechen heute von 88 Sternbildern, wobei sie

diese aber nicht als Bilder oder Muster auffassen, sondern als Bereiche des Himmels. Da diese Sternbilder keinen amtlichen Charakter haben, steht es jedem Beobachter frei, die Sterne zu beliebigen anderen Mustern oder Figuren zusammenzufügen.

Ehe wir mit unserem Streifzug durch den Sternenhimmel beginnen, müssen wir lernen, wie man die Entfernungen am Himmel und wie man die Helligkeit von Sternen mißt. Danach folgt eine kleine Erläuterung zum Gebrauch dieses Sternenbüchleins.

Die bei der astronomischen Reise im zweiten Teil des Buches erkundeten Sternbilder werden meistens, wenn auch nicht immer, Sterne enthalten, die so hell sind, daß sie leicht mit bloßem Auge auszumachen sind. Viele der erwähnten Sternbilder sind allgemein bekannt, einige mögen neu sein.

Der Einfachheit halber werden alle Sterne einer Konstellation numeriert, und manche erhalten auch einen Namen, so daß es leichter ist, bestimmte Sterne zu identifizieren und sich an ihnen zu orientieren. Bei unserem Streifzug durch den Nachthimmel wollen wir uns den Sternbildern auf verschiedenen Wegen nähern – auf diese Weise bekommen wir eine bessere Vorstellung von den Beziehungen der Sterne untereinander.

Da die Gewalt und die Grausamkeit in manchen der Legenden um die Sternbilder abschreckend sind, habe ich mir erlaubt, die Geschichten leicht abzuändern oder zu kürzen. Es ist meines Erachtens der unabänderliche Lauf der Dinge, daß sich Legenden von Generation zu Generation ändern.

Dieses Buch ist für Sternbeobachter auf der Nordhalbkugel geschrieben.

Wir wünschen nun allen Lesern viel Spaß
bei der Erkundung des Sternenhimmels!

Teil 1

Entfernungsmessungen am Himmel

Wie messen wir etwa die Größe des Kleinen Wagens oder die Entfernung zwischen zwei Sternen? Zentimeter oder Millimeter sind als Maßeinheit ungeeignet, da sie Messungen entlang einer Linie ausdrücken. Statt dessen benötigen wir zur Entfernungsbestimmung am Himmel ein Maßsystem, das auf Winkeln beruht.

Abb. 1

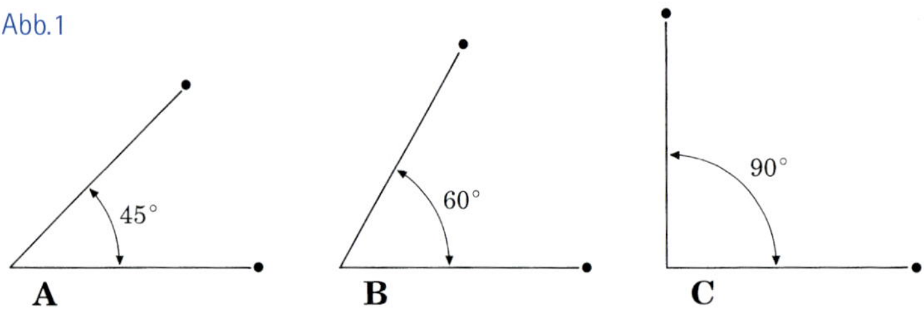

Ein Winkel wird von zwei Linien gebildet, die in einem Punkt zusammenlaufen. Der zwischen den beiden Linien liegende Winkel wird in **Grad** gemessen. Ein Kreis besteht aus 360 Grad. Die Winkel in Abb. 1A–C betragen 45 Grad, 60 Grad und 90 Grad. Je weiter zwei Sterne auseinander liegen, desto größer ist der Winkel zwischen ihnen.

Wie nun können wir Winkel am Himmel ohne aufwendige Instrumente messen?

Die Entfernung zwischen zwei weit auseinander liegenden Gebilden wie etwa zwei Sternen bestimmen wir, indem wir unser Auge gewissermaßen als den Scheitelpunkt des Winkels betrachten und mit einem Teil unserer Hand den Himmel zwischen den betreffenden Punkten verdecken. Je größer der Abstand zwischen den Sternen, desto mehr von unserer Hand ist nötig, um den Raum zwischen ihnen abzudecken. (Siehe dazu Abb. 2.)

Abb. 2

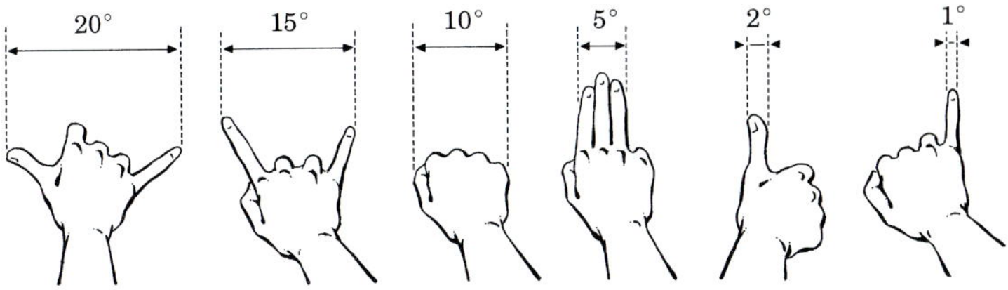

Abb. 3

Um die Größe von Winkeln abzuschätzen, strecken wir einen Arm aus und halten den Daumen nach oben. Er verdeckt nun einen Teil unseres Gesichtsfeldes. Wie groß dieser Teil ist, hängt davon ab, wie lang der Arm und wie breit der Daumen ist. Je kürzer der Arm oder je breiter der Daumen, desto größer ist der verdeckte Winkel.
Unsere Hand stellt also ein hervorragendes Hilfsmittel dar, um Entfernungen am Himmel in Grad zu bestimmen. (Siehe Abb. 3.)
Ein kleiner Finger deckt ungefähr 1 Grad des Himmels ab. Wenn wir uns einmal in unserem Zimmer umschauen und beispielsweise die Türklinke oder den Lichtschalter am anderen Ende des Zimmers betrachten, werden wir feststellen, daß ein Finger diese Gegenstände überdeckt. Schauen wir nun ein Gebäude auf der anderen Straßenseite an. Derselbe Finger deckt plötzlich einen großen Teil des Gebäudes ab. Wie ist das möglich, wenn doch der eine Gegenstand viel größer als der andere ist? Betrachten wir dazu Abb. 4.
Obwohl der Mond viel größer ist als das Gebäude auf der anderen Straßenseite, kann er von einem dünnen Gegenstand wie einem Finger verdeckt werden. Der Durchmesser des Mondes, wenn man ihn auf diese Weise mißt, beträgt also ungefähr 1 bis 2 Grad. Je größer die Entfernung eines Gegenstands, desto kleiner ist der Winkel, der abgedeckt werden muß, um ihn nicht mehr zu sehen. Der Mond erscheint uns deshalb so viel größer als die Sterne, weil er uns viel näher ist.

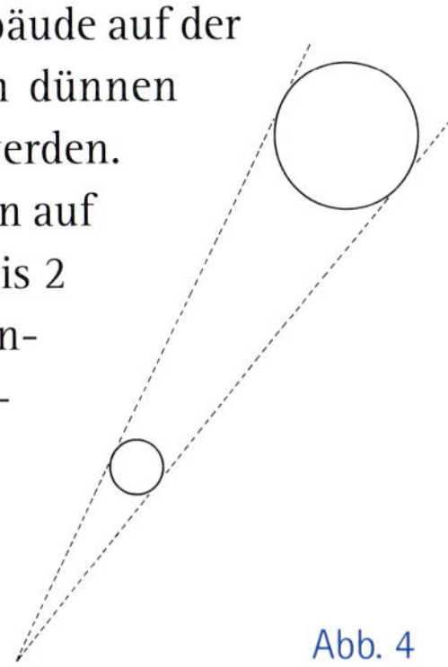

Abb. 4

Entfernung zu den Sternen

Die Entfernung zwischen einem Stern und der Erde wird nicht in Kilometern oder Meilen angegeben, sondern in **Lichtjahren**, einer astronomischen Längeneinheit, die auf der Lichtgeschwindigkeit beruht. Es ist jedoch wichtig, sich vor Augen zu halten, daß es sich um eine Längeneinheit und nicht um eine Zeiteinheit handelt. Die Entfernung, die das Licht in einem Jahr zurücklegt, wird als ein Lichtjahr bezeichnet. Licht breitet sich mit einer Geschwindigkeit von rund 300 000 Kilometern pro Sekunde aus, was ungefähr 1 080 000 000 Stundenkilometer ausmacht. Ein Lichtjahr entspricht folglich einer Entfernung von fast 9,4 Billionen (9 460 000 000 000) Kilometern.

Vom Mond bis zur Erde benötigt Licht über eine Sekunde, von der Sonne bis zur Erde über acht Minuten. Vom nächstgelegenen Stern, Alpha Centauri, ist das Licht bereits 4,3 Jahre unterwegs, und Deneb im Sternbild Schwan (auch Kreuz des Nordens genannt) ist sogar 1400 Lichtjahre entfernt. Das bedeutet, daß das Licht, das wir heute sehen, den Stern vor 1400 Jahren verlassen hat. Es ist deshalb sogar möglich, daß der Stern selbst heute gar nicht mehr existiert.

Die Helligkeit der Sterne

Manche Sterne erscheinen heller als andere, doch bedeutet dies nicht unbedingt, daß sie größer sind oder mehr Licht aussenden als dunklere Sterne. Die **scheinbare Helligkeit** eines Sterns hängt vielmehr von drei Faktoren ab: von seiner Größe, von seiner Entfernung zur Erde und von seiner tatsächlichen Leuchtkraft. Der hellste Stern von der Erde aus gesehen ist die Sonne, doch ist sie nur ein durchschnittlich großer Stern. Daß sie uns am hellsten erscheint, liegt daran, daß sie von allen Sternen der Erde am nächsten liegt.

Der Stern Sirius im Sternbild Großer Hund (Canis Major) wirkt beträchtlich heller als Rigel im Sternbild Orion. Dennoch ist Rigel in Wirklichkeit mehr als tausendmal heller als Sirius. Er erscheint

nur schwächer, weil er über 800 Lichtjahre entfernt ist, während die Entfernung zu Sirius nur etwa 8,7 Lichtjahre beträgt.
Die Helligkeit von Sternen, so wie sie uns mit bloßem Auge erscheint, messen wir mit Hilfe einer sogenannten **Größenklassenskala**. Schon der griechische Astronom Hipparch nahm eine Einteilung der Sterne nach ihrer Helligkeit vor und verwendete den Begriff »Größe« zur Beschreibung ihrer relativen Helligkeit. Wahrscheinlich glaubte man früher, daß hellere Sterne auch größere Sterne sein müßten. Ein sehr heller Stern gehört der Größenklasse 1 an, ein sehr matter Stern der Größenklasse 6. Je kleiner die Ziffer, desto heller der Stern. Heute kann man mit einem leistungsstarken Teleskop schwache Sterne bis zu einer Größenordnung von 20 und darüber ausmachen. Mit bloßem Auge erkennen wir in einer klaren, mondlosen Nacht Sterne bis zu einer Größenklasse von 6 bis 7. Die hellsten Planeten besitzen eine relative Helligkeit von -1 bis -4. Leider führen die vielen künstlichen Lichtquellen überall in unserer Umwelt dazu, daß wir längst nicht so viele Sterne sehen, wie es in einer absolut dunklen Umgebung möglich wäre.
Halten wir noch einmal fest: Die sogenannte Größenklasse eines Sterns ist ein Maß für seine visuelle Helligkeit; sie läßt weder auf seine tatsächliche Leuchtkraft noch auf seine tatsächliche Größe schließen.
Obwohl es Milliarden von Sternen gibt, können wir mit bloßem Auge unter besten Bedingungen nur jeweils etwa 2500 Sterne sehen. Wer wissen möchte, wie gut seine Augen sind, kann den auf S. 93 beschriebenen Sehtest machen

Leben im Weltall

Wir kennen heute neun Planeten, die um die Sonne kreisen. Unsere Sonne ist jedoch ein ganz gewöhnlicher Stern. Mehr als 100 000 000 000 (100 Milliarden) Sterne wie die Sonne bevölkern unsere Galaxie, die Milchstraße. Und im Universum gibt es Millionen von Galaxien. Man kann sich also vorstellen, wie viele Planeten es allein in der Milchstraße geben muß! Daß die Erde der einzige Planet ist, auf dem Leben existiert, scheint somit fast ausgeschlossen. Die Frage lautet folglich nicht, ob es Leben auf anderen Sternen gibt, sondern wie diese Lebensformen wohl aussehen mögen und ob sie möglicherweise versuchen, Kontakt mit uns aufzunehmen? Es sei in diesem Zusammenhang daran erinnert, daß man in Meteoriten Aminosäuren nachgewiesen hat. Unter entsprechenden Umweltbedingungen können sich diese Moleküle zu Proteinen und Ribonukleinsäure (RNA) verbinden, die in lebenden Zellen vorkommen.

Hinweise zur Benutzung des Sternatlas

Bevor wir mit der Erkundung des Nachthimmels beginnen, müssen wir zunächst feststellen, welche Sternbilder im jeweiligen Beobachtungsmonat sichtbar sind. Betrachten wir dazu die folgenden vier Sternkarten, die einen Überblick über die je nach Jahreszeit sichtbaren Sternbilder geben. Wir halten die Karte der entsprechenden Jahreszeit vor uns, ohne sie zu drehen. Norden befindet sich dann unten auf der Seite. Anschließend schauen wir nach Norden an den Himmel und vergleichen die Sterne, die wir dort sehen, mit der unteren Hälfte der Karte. Nacheinander schauen wir in die verschiedenen Himmelsrichtungen und drehen die Karte dabei so, daß die Richtung, in die wir blicken, unten auf der Karte liegt.
Wenn wir uns entschieden haben, welches Sternbild wir betrachten möchten, schauen wir im Verzeichnis der Sternbilder (Seite 101 ff.) nach, auf welchen Abbildungen das Sternbild zu sehen ist. Jeder Abbildung ist ein Monat und eine Uhrzeit zugeordnet: Dies ist der Zeitpunkt, zu dem man das Sternbild am deutlichsten erkennen kann. Das heißt aber nicht, daß man den Himmel nicht auch zu einem anderen Zeitpunkt betrachten könnte. Die Positionen der Sternbilder zueinander verändern sich nicht; sie sind konstant. Da sich die Sterne jedoch gemäß der Drehung der Erde zu bewegen

scheinen, kann es erforderlich sein, die Abbildung zu drehen, damit die Sternbilder so aussehen, wie wir sie gerade am Himmel beobachten.
Wer mit den Sternbildern noch nicht vertraut ist, beginnt den Rundgang am besten auf S. 27 mit dem Großen Wagen, der manchmal auch Großer Bär oder Ursa Major genannt wird. Wir konzentrieren uns zunächst auf die vier auffälligsten Sternbilder: Großer Wagen, Kleiner Wagen, Kepheus und Kassiopeia (siehe Abb. 9 in Teil 2). Wer bereits einige der Sterngruppen kennt, kann je nach Jahreszeit gezielt nach weiteren Sternbildern suchen. Dazu schlägt man im Verzeichnis der Sternbilder die Abbildung nach, die Auskunft über die Beziehung dieses Sternbildes zu anderen Konstellationen gibt. Auch wer sich erst ein wenig auskennt, kann mit Hilfe der vier Sternkarten nach weiteren Sternbildern suchen.

Frühlingshimmel

März – April 22.00-24.00 Uhr
Mai – Juni 19.00 – 21.00 Uhr

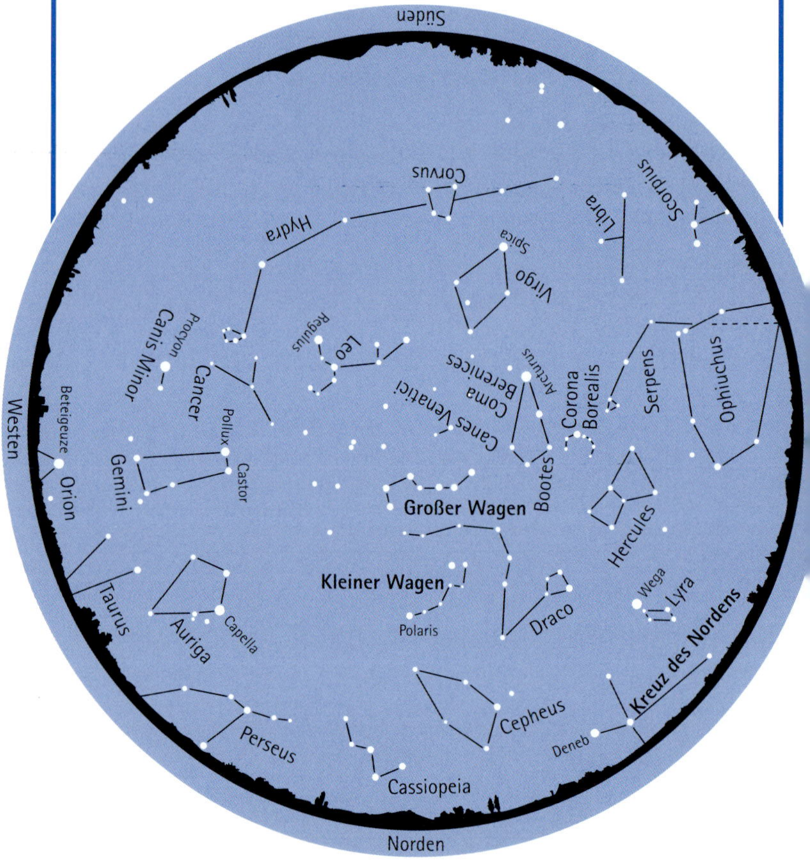

Sommerhimmel Juni – Juli 22.00 – 24.00 Uhr
August – September 19.00 – 21.00 Uhr

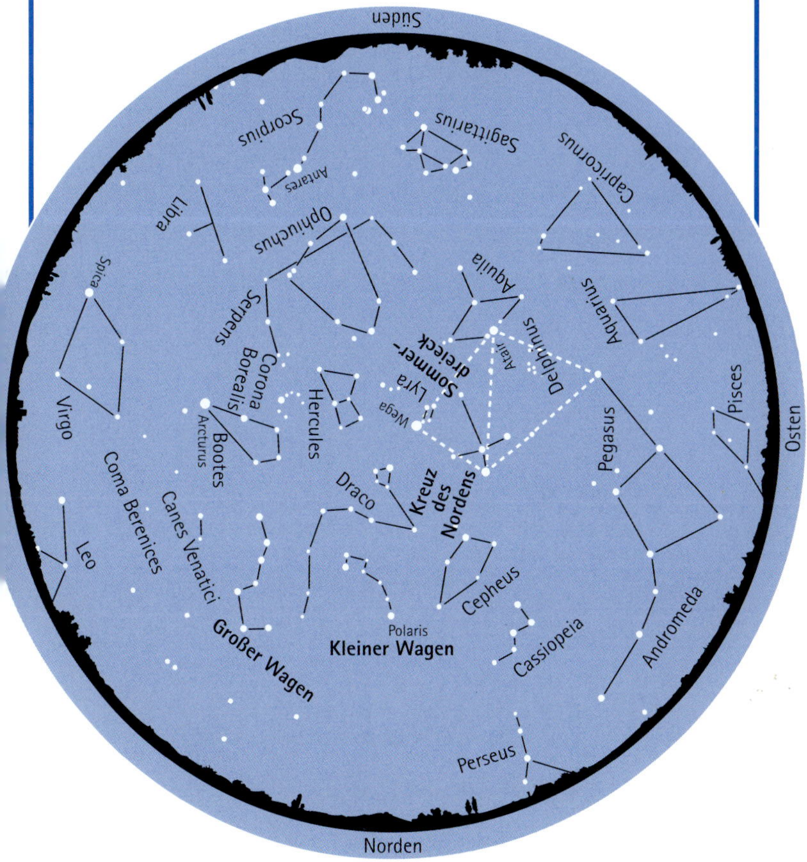

Herbsthimmel

September – Oktober 22.00-24.00 Uhr
November – Dezember 19.00 – 21.00 Uhr

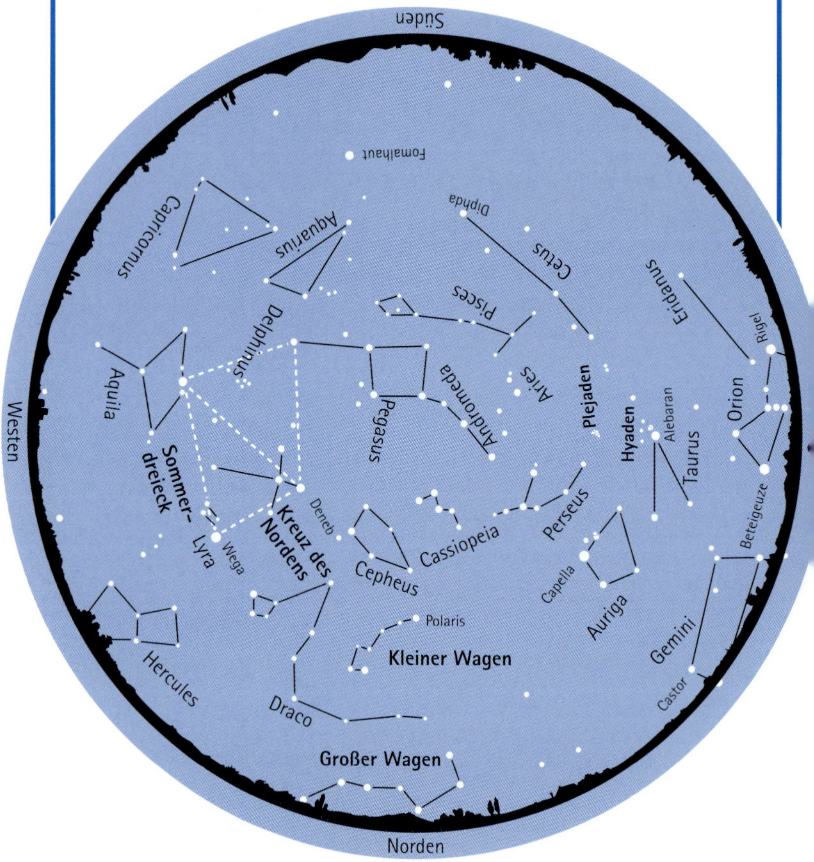

Winterhimmel Dezember – Januar 22.00-24.00 Uhr
Februar – März 19.00 – 21.00 Uhr

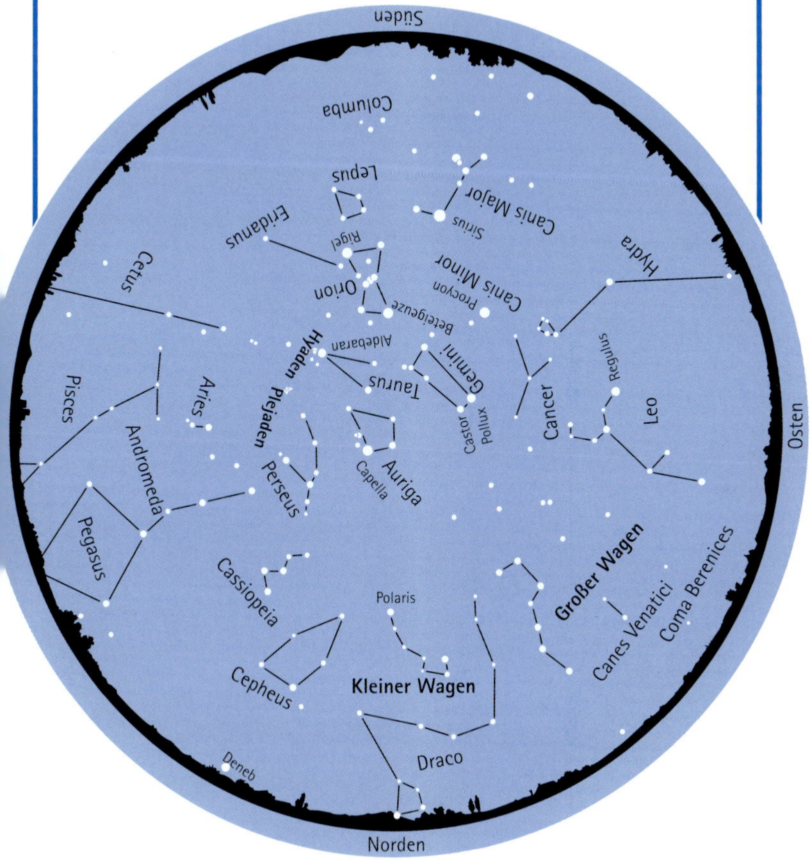

Teil 2

Der nächtliche Sternenhimmel

Beginnen wir unseren Streifzug durch den Sternenhimmel beim Großen Wagen, der Teil des größeren Sternbilds Großer Bär (Ursa Major) ist. Am besten sieht man den Großen Wagen zwischen Januar und Oktober, wenn er dem Horizont nicht zu nahe ist.
Schauen wir zunächst nach Norden und suchen nach sieben hellen Sternen, die wie in Abb. 5 einen Wagen mit einer Deichsel bilden. Je nach Jahreszeit steht er möglicherweise auf dem Kopf oder liegt auf der Seite. Stern 2 dieser Konstellation heißt Mizar, ein Name, den man sich merken sollte. Die Sterne 6 und 7 des Himmelswagens dienen als Wegweiser zum Polarstern (Polaris). Wenn wir den Großen Wagen gefunden haben, können wir einmal versuchen, mit der Hand seine Größe zu messen. Stimmt das Ergebnis mit den Angaben in Abb. 6 überein?
Der Einfachheit halber werden alle Sterne in einem Sternbild numeriert, so daß bestimmte Sterne, die uns bei unserer Wanderung als Orientierungspunkte dienen sollen, leichter zu identifizieren sind. Damit wir uns die Positionen von Sternen und ihre wechselseitigen Beziehungen besser einprägen können, werden wir uns den Sternbildern auf verschiedene Weise nähern.
Beginnen wir also beim Großen Wagen. Allein mit Hilfe dieser Konstellation ist man je nach Jahreszeit in der Lage, viele verschiedene Sternbilder und einzelne Sterne in ihnen aufzufinden.

Abb. 5

Großer Wagen
im Sternbild
Großer Bär
(Ursa Major)

Abb. 6

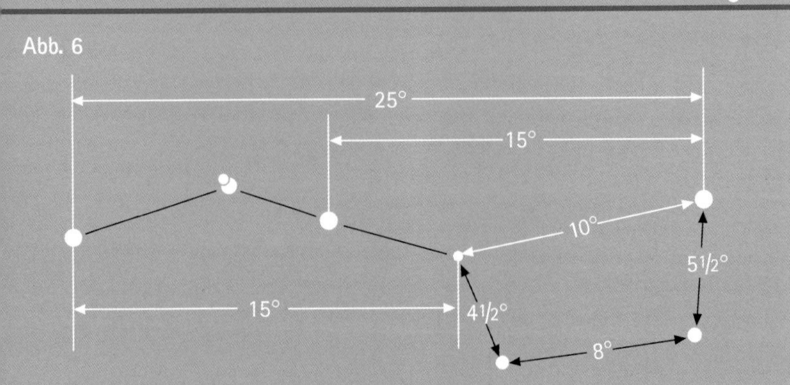

Großer Wagen

Ausgangspunkt Großer Wagen

Bestimmung des Polarsterns im Kleinen Wagen (Abb. 7)

- Wir verbinden die Sterne 6 und 7 des Großen Wagens und verlängern diese Linie etwa um das Fünffache bis zum Polarstern.

Der Kleine Wagen besitzt nur zwei helle Sterne, Polaris (Stern 1) und Kochab (Stern 7). Polaris liegt etwa 0,8 Grad vom Himmelsnordpol entfernt, jenem Punkt der Himmelskugel, auf den die Nord-Süd-Achse der Erde deutet. Die altnordischen Völker glaubten, das Universum drehe sich um eine riesige Stange durch den Polarstern.

Bestimmung des Sternbilds Kassiopeia (Cassiopeia)

Kassiopeia besteht aus fünf hellen Sternen, die ein unregelmäßiges W oder M bilden. Beachtenswert ist, daß die Sterne 3 und 5 weiter auseinander liegen als die Sterne 1 und 3.

- Eine Linie von Stern 6 über Stern 7 des Großen Wagens zum Polarstern setzt sich leicht gekrümmt bis zum großen M oder W von Kassiopeia fort.
- Verbindet man die Sterne 1, 2 oder 3 des Großen Wagens mit dem Polarstern, so führt die Verlängerung all dieser Linien ebenfalls zu Kassiopeia.
- Die Sterne 1 und 5 von Kassiopeia kann man mit dem Polarstern zu einem Dreieck verbinden (siehe Abb. 8). Stern 5 befindet sich dabei näher am Polarstern als Stern 1.

Während wir uns nach und nach mit den verschiedenen Sternbildern befassen, ist es empfehlenswert, sich die Namen mancher Sterne einzuprägen. Sie werden uns auf diese Weise viel vertrauter. Ich werde deshalb künftig den Stern 1 von Kassiopeia mit seinem Namen Caph bezeichnen.

Abb. 7: Blick nach Norden, August, 21.00 Uhr

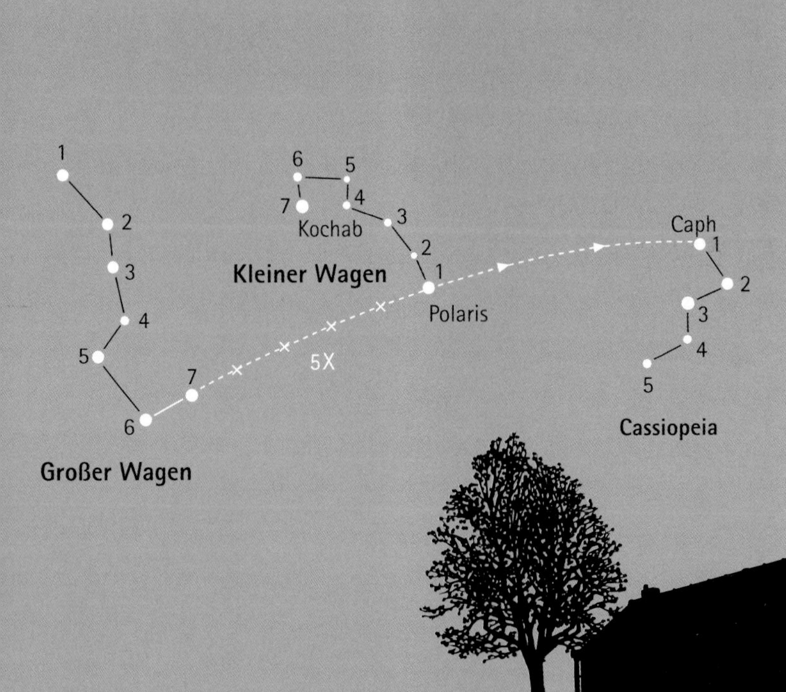

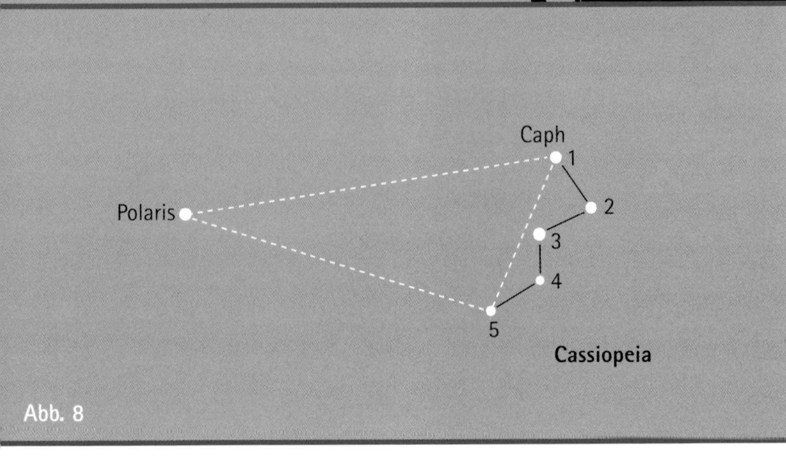

Abb. 8

Bestimmung des Sternbilds Kepheus (Cepheus) (Abb. 9)

Die Sterne von Kepheus sind zwar nicht besonders hell, doch sind sie trotzdem nicht schwer zu finden. Am hellsten sind die Sterne 1, 2 und 3. Kepheus ähnelt einem Haus mit einem hohen Giebel.

Stellen wir uns eine leicht gekrümmte Linie zwischen dem Polarstern und Caph von Kassiopeia vor. Etwa nach dem ersten Drittel, vom Polarstern gerechnet, befindet sich ein lichtschwacher Stern. Dies ist Stern 1 von Kepheus; er bildet die Spitze des Giebels. Das Haus steht in dieser Zeichnung auf dem Kopf.

Um den Stern 3 von Kepheus zu finden, denken wir uns eine Verbindungslinie zwischen dem Polarstern und Stern 3 von Kassiopeia. Diese Linie bildet die Grundseite eines fast gleichseitigen Dreiecks, an dessen Spitze der mäßig helle Stern Alderamin (Stern 3 des Kepheus) steht.

Zwischen Alderamin und dem Polarstern liegt Stern 2 von Kepheus. Damit haben wir bereits eine Hälfte des Hauses von Kepheus gefunden. Die Vervollständigung des Sternbilds sollte uns nun nicht mehr schwerfallen.

Halten wir an dieser Stelle kurz inne und betrachten noch einmal die vier behandelten Sternbilder: Großer Wagen, Kleiner Wagen, Kassiopeia und Kepheus. Bevor wir neue Konstellationen kennenlernen, wollen wir uns diese vier gut einprägen. Merken wir uns auch einige der bis jetzt erwähnten Sternnamen: Polaris vom Kleinen Wagen, Caph von Kassiopeia und Alderamin von Kepheus.

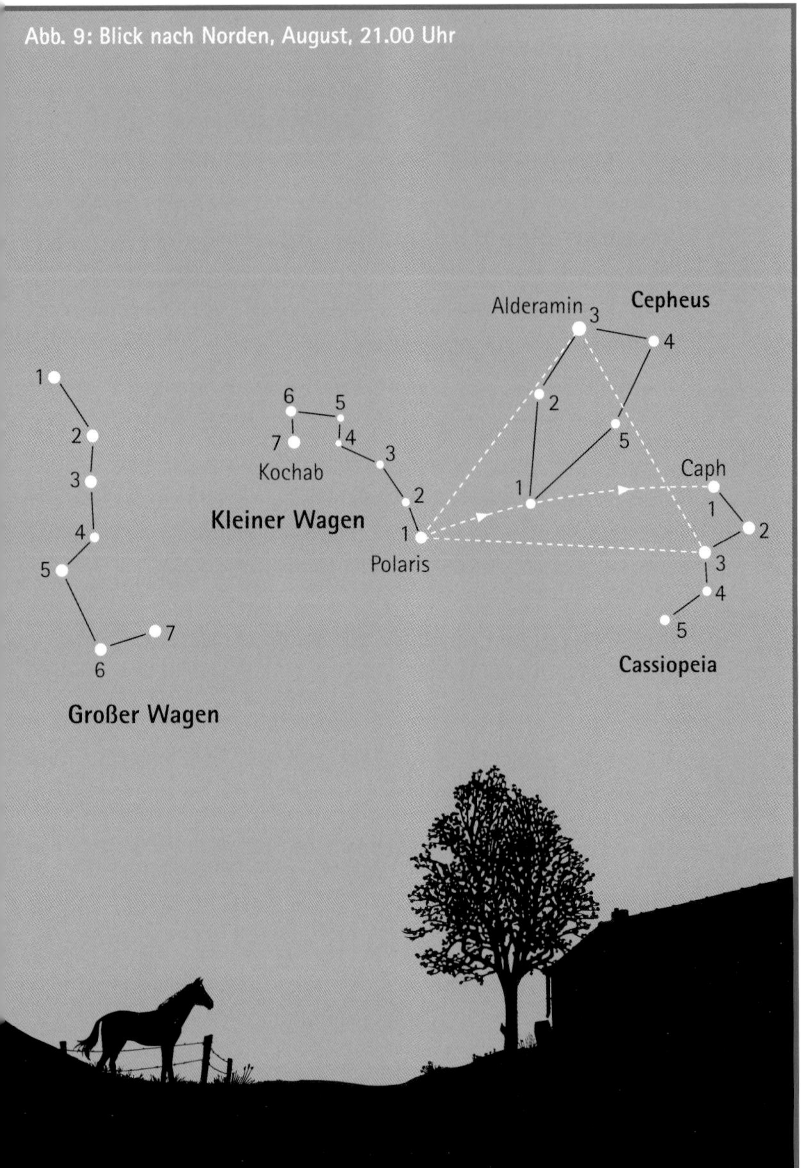
Abb. 9: Blick nach Norden, August, 21.00 Uhr
Großer Wagen
1
2
3
4
5
6
7
Kleiner Wagen
Kochab
Polaris
Cepheus
Alderamin
Caph
Cassiopeia

Bestimmung des Sternbilds Schwan (Cygnus) (Abb. 11)

Das Sternbild Schwan, das manchmal auch Kreuz des Nordens genannt wird, liegt in der Milchstraße. Sein Hauptstern Deneb, ein Überriese, ist 50 000mal heller als die Sonne, doch liegt er 1400 Lichtjahre von uns entfernt.

- Denken wir uns eine leicht gekrümmte Linie zwischen Stern 3 und Caph (Stern 1) von Kassiopeia und verlängern sie nach oben. Wir gelangen so zum Sternbild Schwan, genauer gesagt zu dessen Stern 2, der das Ende des Querbalkens bildet, wenn man das Gebilde als Kreuz interpretiert.
- Verbindet man den Stern 5 des Großen Wagens mit Stern 7 (Kochab) des Kleinen Wagens, so führt die Verlängerung dieser Linie direkt zu Deneb (Stern 1) im Schwan.
- Eine gekrümmte Linie vom Polarstern durch Alderamin (Stern 3) in Kepheus führt ebenfalls zu Deneb im Schwan. Es ist nun nicht mehr schwierig, das Sternbild zu vervollständigen.

Bestimmung des Sterns Wega im Sternbild Leier (Lyra)

Die Wega ist als Stern der Größenklasse 0,04 eines der hellsten Gebilde am Nachthimmel.

- Von Deneb (Stern 1) im Sternbild Schwan gelangt man über Stern 4 des Schwans in einer leicht gekrümmten Linie zum auffallend hellen Stern Wega.
- Verbindet man den Stern 2 in Kassiopeia mit Caph (Stern 1), so führt die Verlängerung dieser Linie in einem leichten Bogen zur Wega.
- Verlängert man die Sterne 4 und 5 des Großen Wagens, so führen sie fast in einer Geraden ebenfalls zur Wega.

Bevor wir unsere Erkundung fortsetzen, versuchen wir uns die Beziehung zwischen dem Sternbild Schwan und der Wega sowie deren Relation zum Großen Wagen einzuprägen.

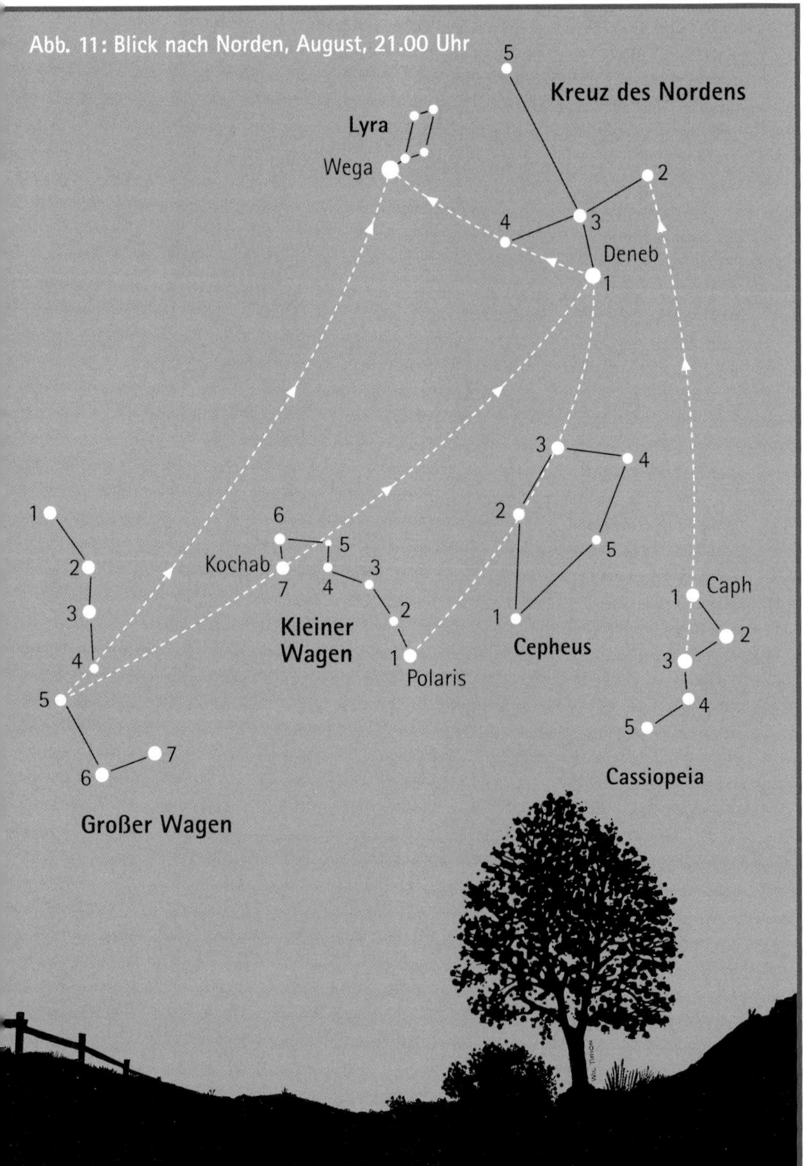

Abb. 11: Blick nach Norden, August, 21.00 Uhr

Bestimmung des Sternbilds Drache (Draco) (Abb. 10, 12)

Das Sternbild Drache ist ein langes, gewundenes Gebilde.

- Verbindet man die Sterne 3 und 4 im Schwan, so führt die Verlängerung dieser Linie um das Doppelte direkt zu Stern 1 im Kopf des Drachen, der wie ein unregelmäßiges Viereck geformt ist.
- Die Verbindungslinie von Stern 5 des Großen Wagens über Stern 4 zur Wega im Sternbild Leier verläuft genau durch den Kopf des Drachen.
- Thuban (Stern 10) im Körper des Drachen ist ein eher lichtschwacher Stern. Er liegt auf einer leicht gekrümmten Linie in der Mitte zwischen Mizar (Stern 2) im Großen Wagen und Kochab (Stern 7) im Kleinen Wagen.

Vor etlichen tausend Jahren war Thuban der Polarstern. Der helle Stern im Kopf des Drachen (Stern 1) wurde nach der gleichnamigen ägyptischen Göttin Isis benannt. In den ihr zu Ehren erbauten Tempeln in Theben und Dendera waren die Pforten des inneren Heiligtums auf diesen Stern ausgerichtet.

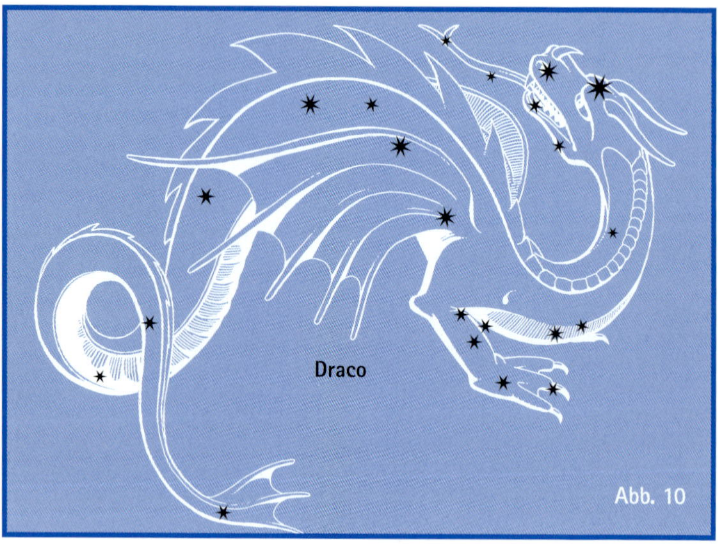

Abb. 10

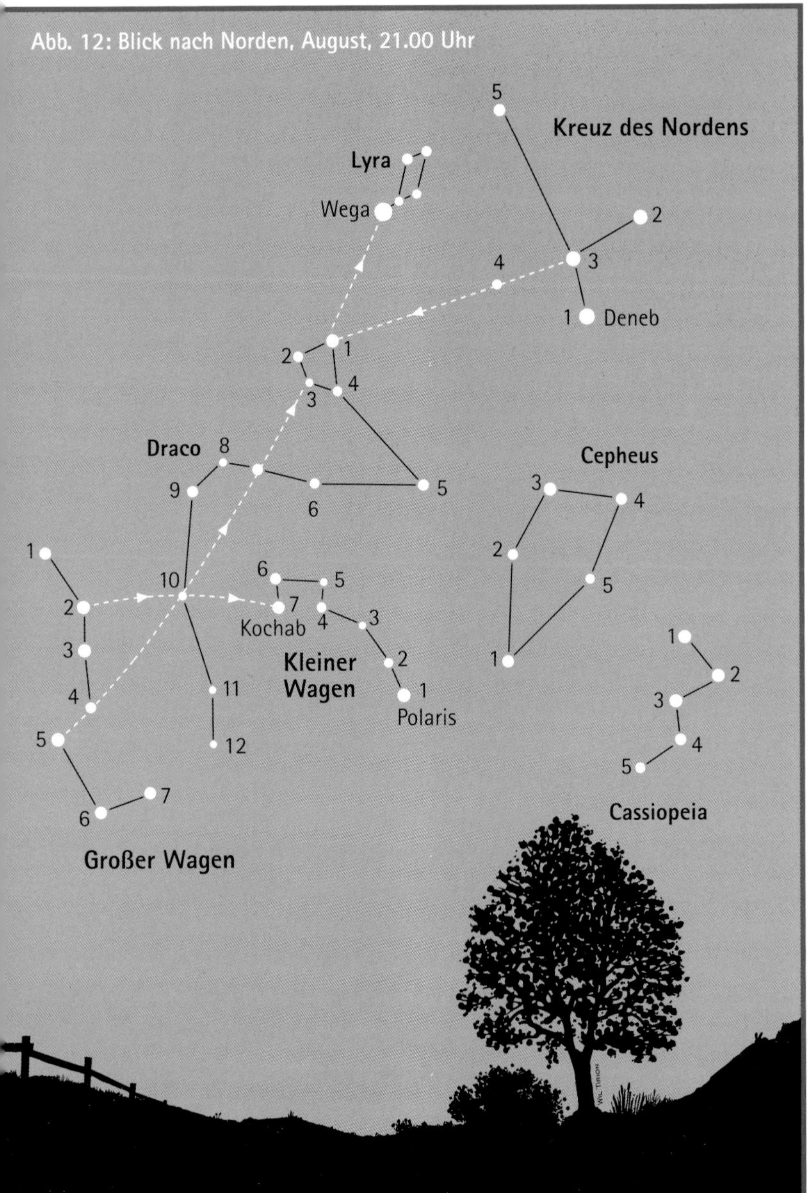

Abb. 12: Blick nach Norden, August, 21.00 Uhr

Bestimmung des Sterns Arcturus im Sternbild Bärenhüter (Bootes) (Abb. 13)

Der Bärenhüter ähnelt einem riesigen Papierdrachen. Sein hellster Stern ist Arcturus, mit dessen Hilfe im Jahre 1933 die Weltausstellung in Chicago eröffnet wurde. Zu diesem Zweck hatte man das Licht dieses vierthellsten Sterns am Nachthimmel auf eine photoelektrische Zelle gelenkt. Der so erzeugte Strom wurde verstärkt und diente dann dazu, die Tore der Weltausstellung zu öffnen. Da Arcturus 36 Lichtjahre von der Erde entfernt ist, hatte das Licht den Stern bereits im Jahre 1897 verlassen!

Arcturus ist ein Frühlingsbote. Wenn er frühabends am Himmel steht, läßt der Frühling nicht mehr lange auf sich warten.

Wir folgen der gekrümmten Linie, die von den Deichselsternen des Großen Wagens angedeutet wird, bis zum hellen Stern Arcturus. Sein Abstand vom Ende der Deichsel beträgt etwa 30 Grad. Verlängert man den Bogen über Arcturus hinaus, erreicht man den Stern Spica im Sternbild Jungfrau (Virgo) (siehe Abb. 20).

Bestimmung des Sterns Cor Caroli im Sternbild Jagdhunde (Canes Venatici)

Cor Caroli ist lateinisch und bedeutet »das Herz Karls«; der Name erinnert an den englischen König Karl II., unter dessen Regierung (1660–1685) die Sternwarte Greenwich begründet wurde.

Eine Linie von Stern 7 des Großen Wagens knapp an Stern 5 vorbei führt uns zu Cor Caroli, der etwa 15 Grad von Stern 5 entfernt ist.

Bestimmung des Sternbilds Nördliche Krone (Corona Borealis)

Die Nördliche Krone ist ein bezauberndes Sternbild. Es liegt zwischen Bärenhüter und Herkules, jedoch etwas näher am Bärenhüter (siehe Abb. 15). Alphecca, der hellste Stern der Konstellation (Stern 3), wird auch Gemma (Edelstein) genannt. Die übrigen sechs Sterne sind eher lichtschwach.

Wir lassen die Augen von Arcturus (Stern 1) zu Stern 3 im Bärenhüter wandern. Alphekka befindet sich seitlich von diesem.

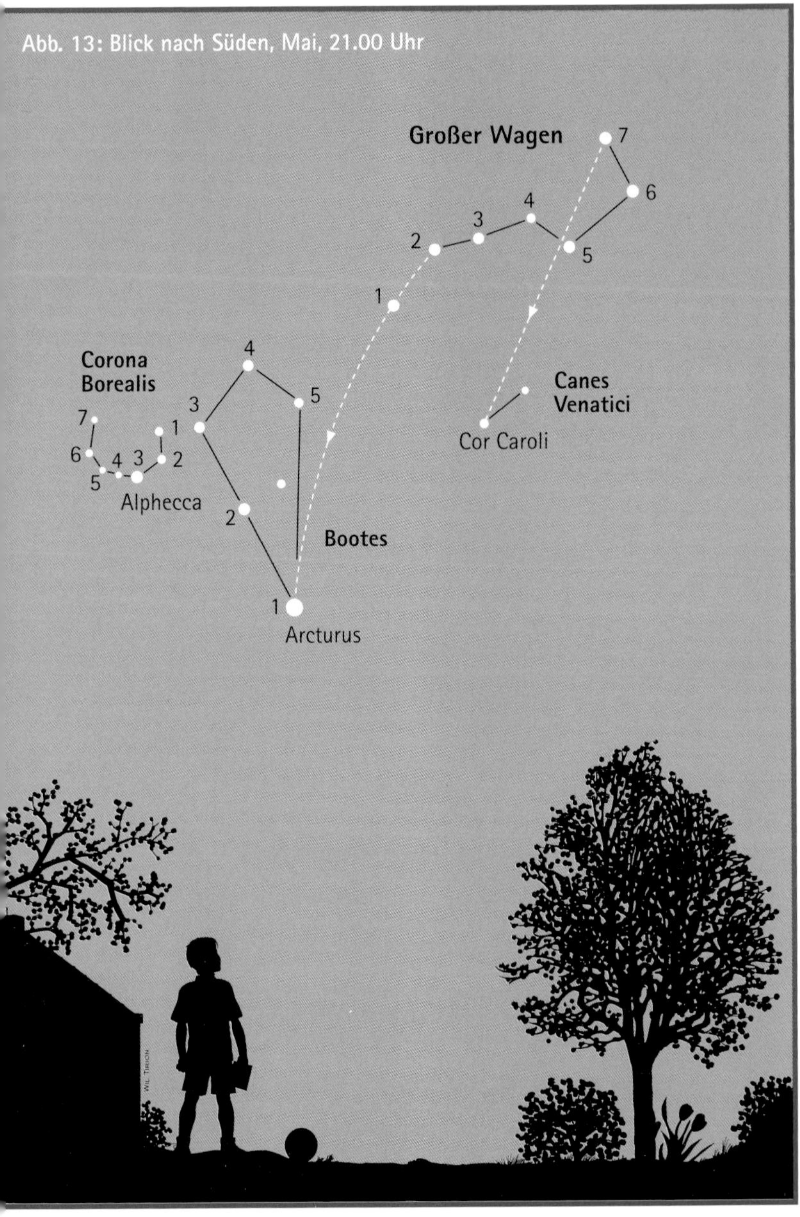

Abb. 13: Blick nach Süden, Mai, 21.00 Uhr

Bestimmung des Sternbilds Herkules (Hercules) (Abb. 15)

Herkules ist eine lichtschwache Sternkonstellation zwischen Leier und Nördlicher Krone.

- Verbindet man den Stern 4 im Schwan mit der Wega, so weist die Verlängerung dieser Verbindungslinie um etwa das Anderthalbfache genau auf den Stern 2 des Herkules.
- Eine Linie von Stern 3 im Schwan durch die Wega führt zu Stern 3 des Herkules.
- Stern 6 des Herkules liegt auf der Verlängerung einer geraden Linie von Arcturus (Stern 1 im Bärenhüter) zu Alphecca (Stern 3 in der Nördlichen Krone). Die übrigen Sterne des Herkules sind nun leicht zu finden. Zusammengenommen bilden die sechs Sterne den Umriß einer schiefen Sanduhr.

Der größte Teil des Herkules liegt innerhalb eines riesigen Dreiecks, das von den Sternen Wega in der Leier, Arcturus im Bärenhüter sowie Ras Alhague im Sternbild Schlangenträger (Ophiuchus) gebildet wird.

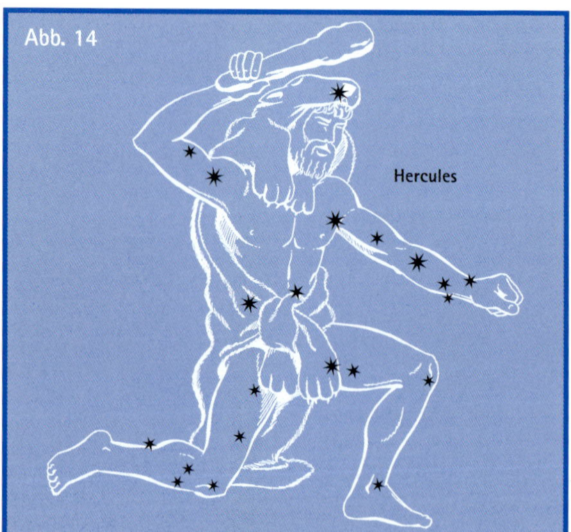

Abb. 15: Blick nach Süden, Juni, 21.00 Uhr
Deneb
Kopf des Drachen (Draco)
Wega
Kreuz des Nordens
Lyra
Hercules
Bootes
Corona Borealis
Ras Alhague
Wil Tirion

Bestimmung der Sternbilder Perseus und Andromeda (Abb. 16)

- Verlängert man die Verbindungslinie zwischen den Sternen 3 und 4 in Kassiopeia um etwa das Fünffache ihres Abstands, so gelangt man in leichtem Bogen zum hellen Stern Mirfak (Stern 2) im Sternbild Perseus.
- Verbindet man die Sterne 1 (Caph) und 2 von Kassiopeia, so gelangt man nach etwa dreifacher Verlängerung direkt zu Almach, auch Almak genannt, (Stern 1) im Sternbild Andromeda.
- Die Sterne Mirfak in Perseus und Almach in der Andromeda bilden zusammen mit Algol (Stern 5) in Perseus nahezu ein rechtwinkliges Dreieck.

Mirfak und Algol sind die hellsten Sterne im Sternbild Perseus, das in die Milchstraße hineinragt. Betrachten wir nun den aus fünf bis sechs Sternen bestehenden Bogen des Perseus, der südwärts zu den Plejaden und nordwärts auf das Sternbild Kassiopeia weist. Das Sternbild Andromeda liegt zwischen Perseus und dem geflügelten Pferd Pegasus. Es enthält die einzige größere Galaxie außerhalb der Milchstraße, die wir mit bloßem Auge erkennen können (siehe Abb. 42 und 46 in Teil 4).

Bestimmung des Sternbilds Pegasus (Abb. 16 und 17)

Zum großen Viereck des geflügelten Pferdes Pegasus gelangt man auf verschiedenen Wegen.

- Wir verbinden Mirfak in Perseus mit Almach in der Andromeda und folgen dieser leicht gekrümmten Linie über Stern 2 bis zu Stern 3 der Andromeda. Der Stern 3 der Andromeda bildet gleichzeitig den Stern 1 des Pegasus. Damit haben wir einen der vier Eckpunkte des Pegasus bereits gefunden.
- Verlängern wir die Linie zwischen Stern 3 und Stern 2 in Kassiopeia, so führt sie uns direkt ins Zentrum von Pegasus. Die Entfernung beträgt ungefähr 35 Grad.
- Betrachten wir nun Abb. 17 und die entsprechenden Erläuterungen auf Seite 42.

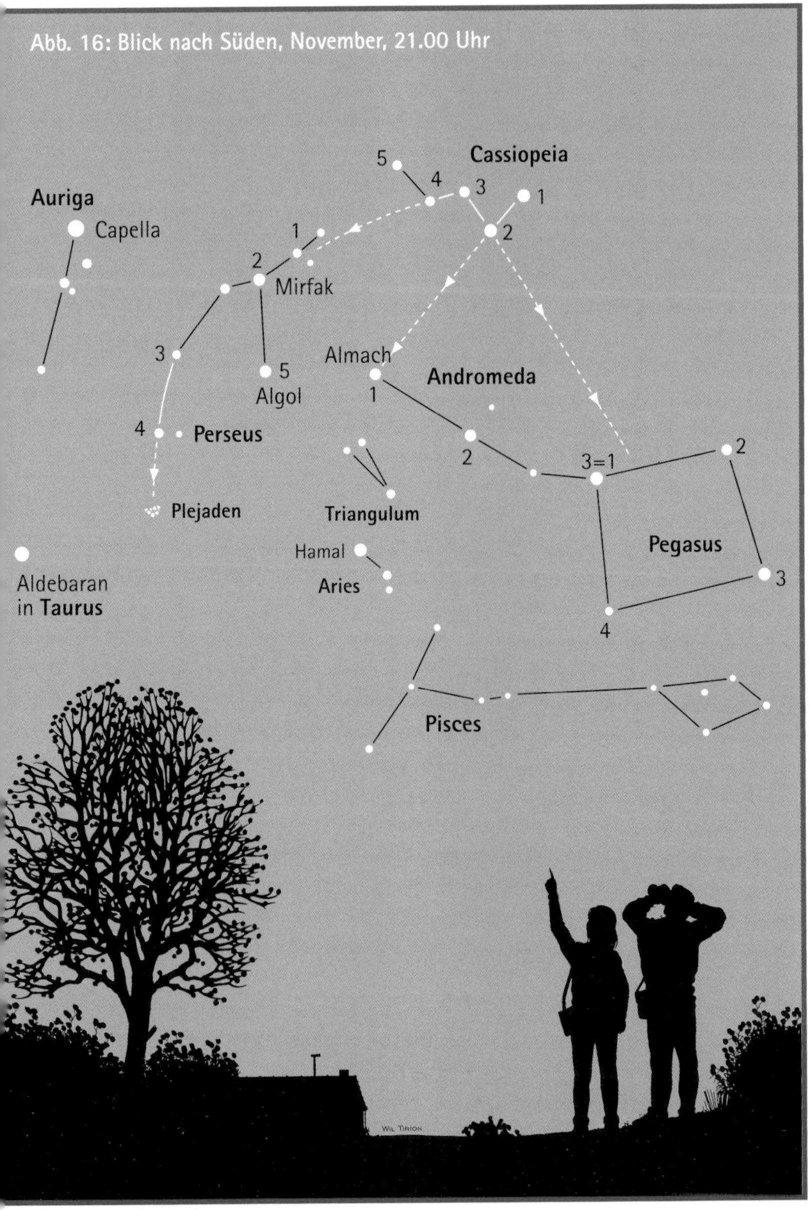

Abb. 16: Blick nach Süden, November, 21.00 Uhr

Bestimmung des Sternbilds Pegasus (Abb. 17)

Wenn wir uns Pegasus von der anderen Seite nähern wollen, sollten wir uns zuvor mit dem Sommerdreieck vertraut machen. Diese wichtige Konstellation wird von drei hellen Sternen gebildet: Deneb im Sternbild Schwan, Wega im Sternbild Leier und Atair (manchmal auch Altair genannt) im Sternbild Adler.

Bestimmung des Sternbilds Adler (Aquila)

- Ziehen wir von Deneb im Sternbild Schwan eine Linie zwischen den Sternen 2 und 3 hindurch, so gelangen wir geradewegs zum Stern Atair im Adler. Das Sternbild Adler ähnelt einer Raute mit einem Schwanz an dem Eckpunkt, der Atair gegenüberliegt. Atair ist der einzige helle Stern dieser Konstellation.

Bei genauerem Hinsehen kann man auf beiden Seiten von Atair schwächere Sterne erkennen. Innerhalb des Sommerdreiecks liegen übrigens die Sternbilder Pfeil (Sagitta) und Füchschen (Vulpecula).

Bestimmung des Sternbilds Pegasus

- Ausgehend von Stern 3 im Schwan führt eine Linie zwischen Deneb und Stern 2 hindurch zu Stern 1 in Pegasus.
- Verbindet man die Sterne im Querbalken des Schwans und verlängert diese Linie, so gelangt man in einem leichten Bogen zu Enif in Pegasus.
- Die Sterne Deneb, Atair und Enif bilden ein Dreieck, das dem Sommerdreieck genau gegenüberliegt. Haben wir auf diese Weise Enif gefunden, ist es nicht schwer, von Atair über Enif in einem Bogen aufwärts zum Viereck des Pegasus zu gelangen.

Das dem Sommerdreieck gegenüberliegende Dreieck enthält die Sternbilder Delphin (Delphinus) und Füllen (Equuleus).
Das Viereck des Pegasus überdeckt einen Raum von mehr als 15 Grad. Es ist ein beeindruckendes Sternbild, und wir wollen uns die beschriebenen Konstellationen und ihre Beziehungen untereinander noch einmal gut anschauen.

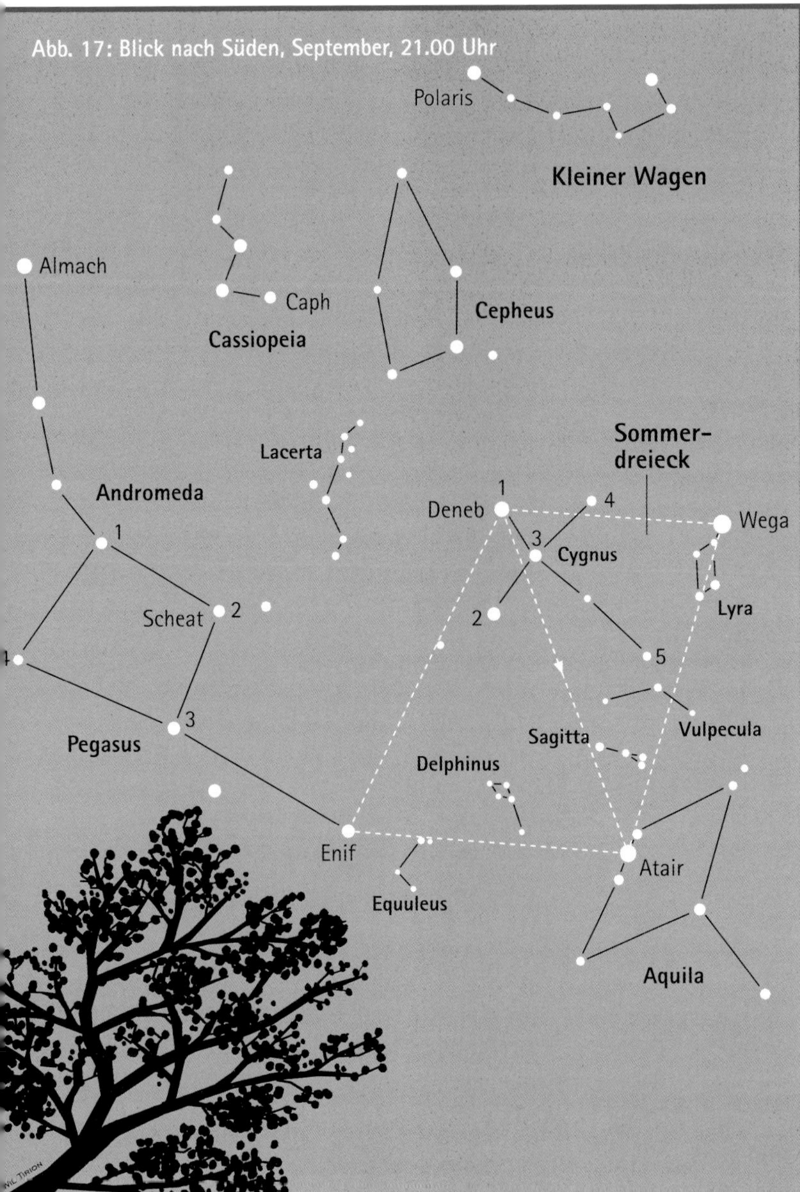

Abb. 17: Blick nach Süden, September, 21.00 Uhr

Bestimmung der Sterne Hamal im Sternbild Widder (Aries), Diphda im Sternbild Walfisch (Cetus) und Fomalhaut im Sternbild Südlicher Fisch (Piscis Austrinus) (Abb. 18)

Bestimmung des Sternbilds Widder (Aries)

Ausgehend von Perseus:

Die Sterne Algol in Perseus und Almach in Andromeda bilden zusammen mit Hamal im Widder ein Dreieck.

Ausgehend vom Viereck des Pegasus:

Verbindet man die Sterne 1 und 4 des Pegasus mit Hamal im Widder, so entsteht ein großes, nahezu gleichschenkliges Dreieck.

Ausgehend von Orion (Abb. 16, 28, 30)

Wir folgen der von den Gürtelsternen des Orion angedeuteten Linie nach oben bis zu Aldebaran im Sternbild Stier (Taurus), wandern von dort in einer Kurve zu den Plejaden und setzen diese Linie in leichtem Bogen etwa 25 Grad nach unten fort, bis wir den mäßig hellen Stern Hamal erreichen.

Bestimmung des Sterns Fomalhaut im Sternbild Südlicher Fisch (Piscis Austrinus) (Abb. 18)

Fomalhaut ist einer der hellsten einzelnen Sterne, die im Süden zu sehen sind.

Verbindet man die Sterne 2 (Scheat) und 3 (Markab) des Pegasus, so führt die Verlängerung dieser Linie zu Fomalhaut, der ungefähr 50 Grad unterhalb von Stern 3 liegt.

Bestimmung des Sterns Diphda im Sternbild Walfisch (Cetus)

Verbindet man die Sterne 1 und 4 des Pegasus, so weist die Verlängerung dieser Linie auf Diphda (auch Deneb Kaitos genannt), der neben Fomalhaut liegt.

Schauen wir uns auch die Beziehungen zwischen den Sternbildern Pegasus, Fisch (Pisces), Wassermann (Aquarius), Steinbock (Capricornus), Delphin (Delphinus) und Adler (Aquila) gut an.

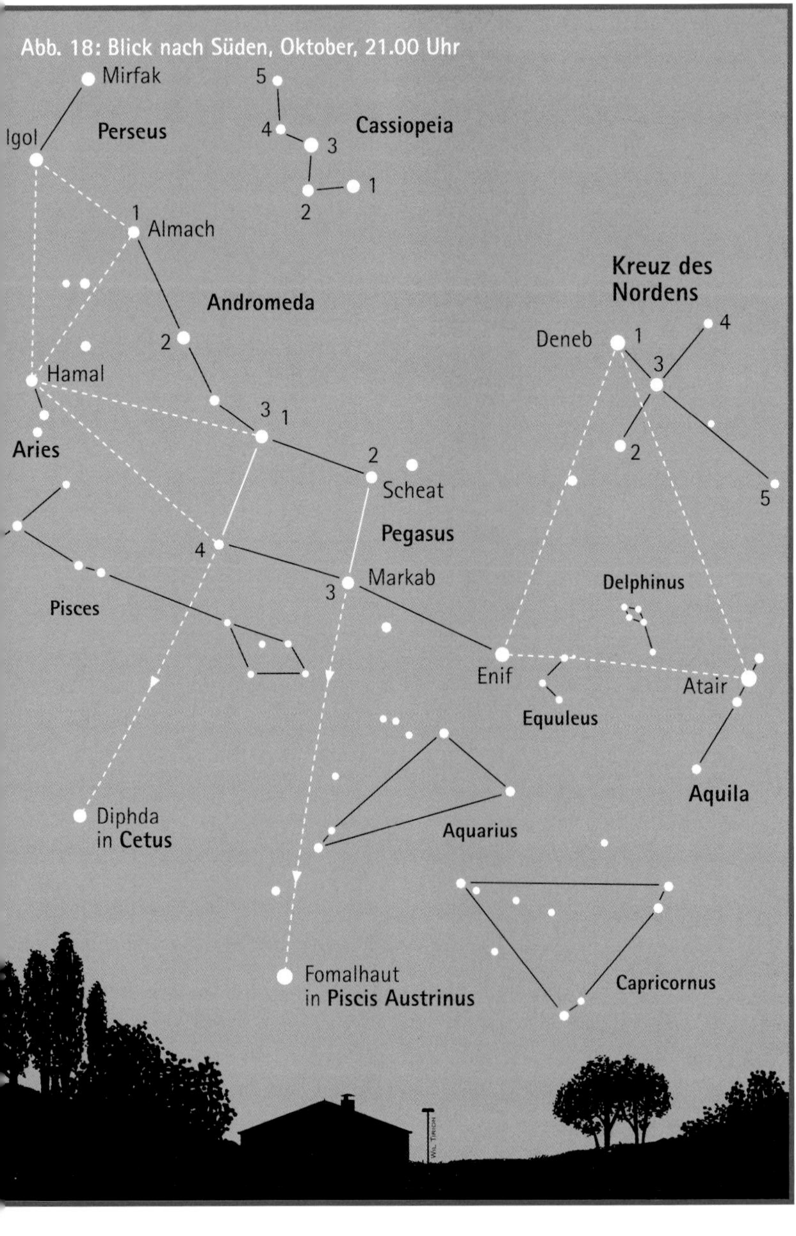

Abb. 18: Blick nach Süden, Oktober, 21.00 Uhr

Bestimmung des Sterns Spica im Sternbild Jungfrau (Virgo) (Abb. 19)

- Die Verlängerung der Deichsel des Großen Wagens führt in großem Bogen über Arcturus hinaus bis zum hellen Stern Spica. Die Sterne der Jungfrau bilden eine etwas unregelmäßige Raute.
- Verbindet man Antares mit Stern 2 im Skorpion, so führt die Verlängerung dieser Linie in einem leichten Bogen mitten durch das Sternbild Waage (Libra) hindurch zu Spica.
- Mit Arcturus und dem Stern Denebola im Sternbild Löwe (Leo) bildet Spica ein gleichseitiges Dreieck.

Bestimmung des Sternbilds Rabe (Corvus)

- Wir verlängern die Deichsel des Großen Wagens über Arcturus und Spica bis zu Kraz, Stern 1, im Raben.

Bestimmung des Sternbilds Wasserschlange (Hydra)

In der griechischen Mythologie ist die Hydra ein vielköpfiges Untier, das von Herkules besiegt wurde. Mit einer Ausdehnung von ungefähr 100 Grad handelt es sich um das längste Sternbild am Nachthimmel. Im Frühling ist die Hydra oder Wasserschlange in der Nähe des südlichen Horizonts zu sehen, wo sie sich unterhalb der Sternbilder Jungfrau (Virgo), Löwe (Leo) und Krebs (Cancer) sowie durch die Sternbilder Becher (Crater) und Rabe (Corvus) erstreckt. Die Wasserschlange besitzt mit Alphard nur einen hellen Stern.

- Eine Verbindungslinie von Stern 4 zu Stern 6 (Regulus) im Sternbild Löwe weist in der Verlängerung direkt auf Alphard.
- Eine Linie durch Kastor und Pollux im Sternbild Zwillinge (Gemini) führt in gerader Linie am Kopf der Wasserschlange vorbei (Abb. 21) zu Alphard (Abb. 19).

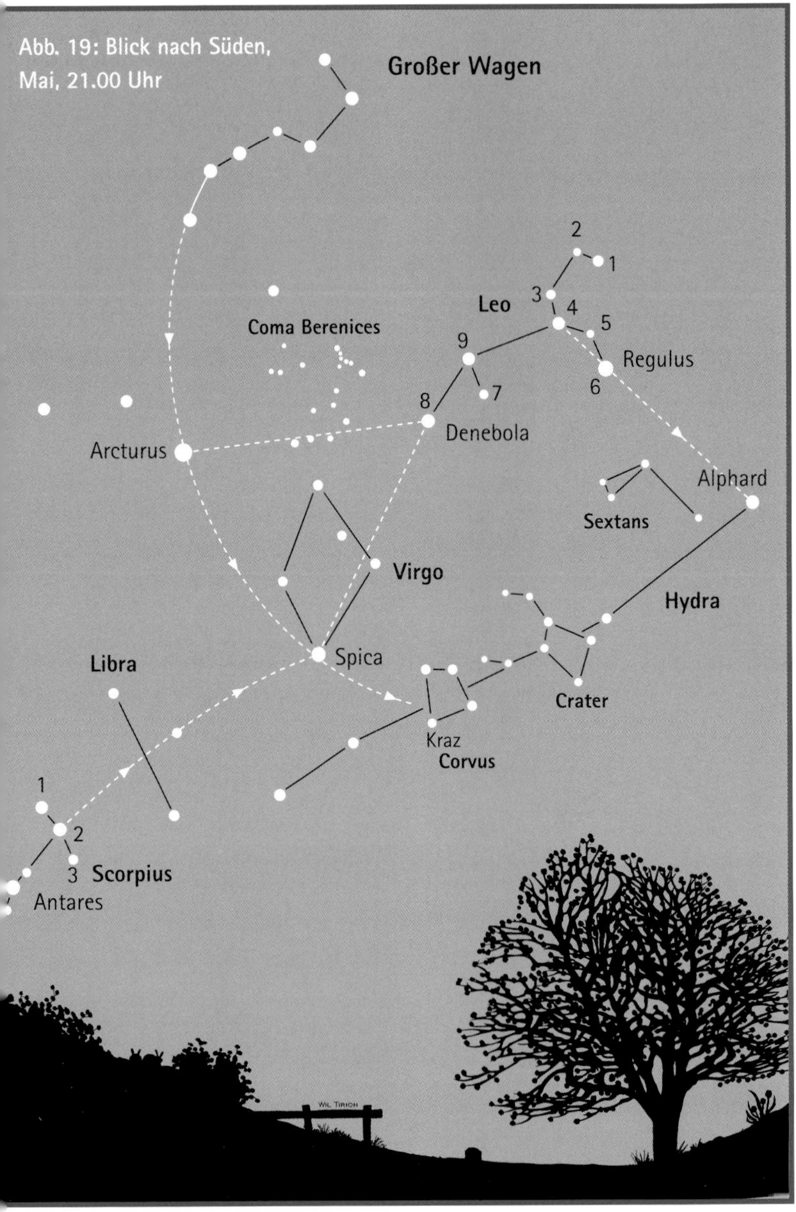
Abb. 19: Blick nach Süden,
Mai, 21.00 Uhr
Großer Wagen
2
1
3
Leo
4
5
Coma Berenices
9
Regulus
6
7
8
Arcturus
Denebola
Alphard
Sextans
Virgo
Hydra
Spica
Libra
Crater
Kraz
Corvus
1
2
3
Scorpius
Antares
Wil Tirion

Bestimmung des Sternbilds Löwe (Leo) (Abb. 20)

Diese Konstellation ähnelt als Ganzes gesehen einem Spielzeugpferd. Kopf, Brust und die Vorderbeine allein erinnern an ein spiegelverkehrtes Fragezeichen. Es gibt zwei Sterne im Löwen, deren Namen wir uns merken sollten. Stern 6 heißt Regulus, was soviel wie Kleiner König bedeutet, und Stern 8 heißt Denebola; er bildet den Schwanz des Löwen.

- Verbindet man die Sterne 4 und 5 des Großen Wagens, so gelangt man über die Verlängerung zunächst zu Stern 3 im Löwen und schließlich in einem leichten Bogen zu Regulus. Der Abstand zwischen Stern 3 im Löwen und Stern 5 im Großen Wagen beträgt ungefähr 40 Grad.
- Eine leicht gebogene Linie von Stern 7 zu Stern 6 des Großen Wagens führt in der Verlängerung zu Stern 9, dem Schwanzansatz des Löwen.
- Arcturus im Sternbild Bärenhüter, Spica in der Jungfrau und Denebola im Löwen bilden ein großes Dreieck.
- Von Beteigeuze im Sternbild Orion führt eine leicht gebogene Linie über Procyon im Sternbild Kleiner Hund (Canis Minor) (Abb. 28) zu Regulus im Löwen (Abb. 21).
- Pollux im Sternbild Zwillinge, Procyon im Kleinen Hund und Regulus bilden zusammen ein Dreieck (Abb. 21).

Bestimmung des Sternbilds Krebs (Cancer) (Abb. 21)

Das sehr schwache Sternbild Krebs liegt inmitten eines Dreiecks, das von den Sternen Procyon im Kleinen Hund, Pollux im Zwilling und Regulus im Löwen gebildet wird. In der Mitte des kleinen Vierecks im Krebs befindet sich ein schwacher Sternhaufen, der Bienenkorb oder manchmal auch Praesepe (Krippe) genannt wird.

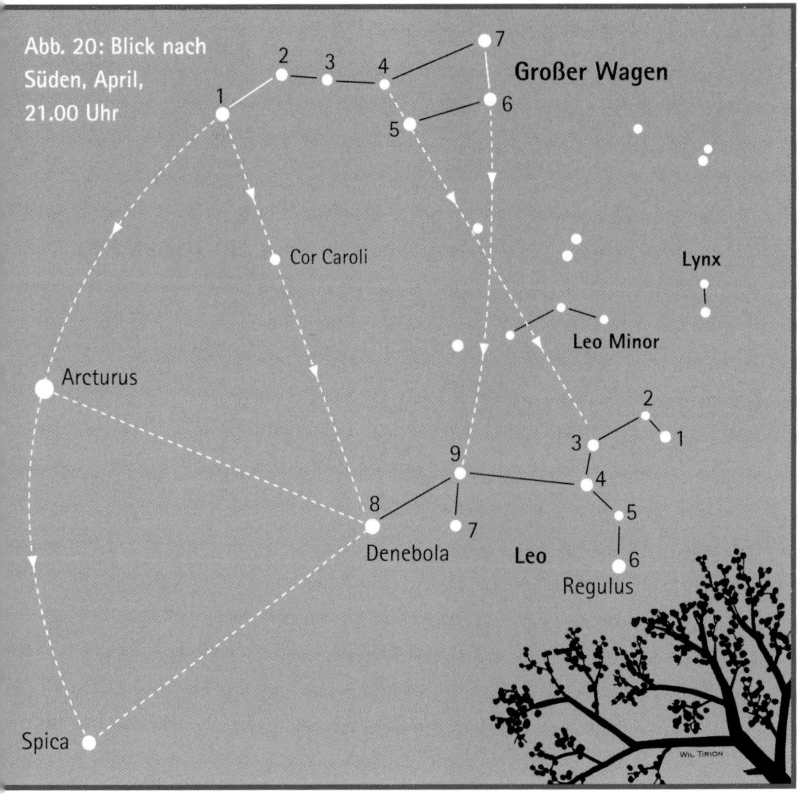
Abb. 20: Blick nach Süden, April, 21.00 Uhr
Großer Wagen
1
2
3
4
5
6
7
Cor Caroli
Lynx
Leo Minor
Arcturus
Denebola
Leo
Regulus
Spica
8
9
WIL TIRION

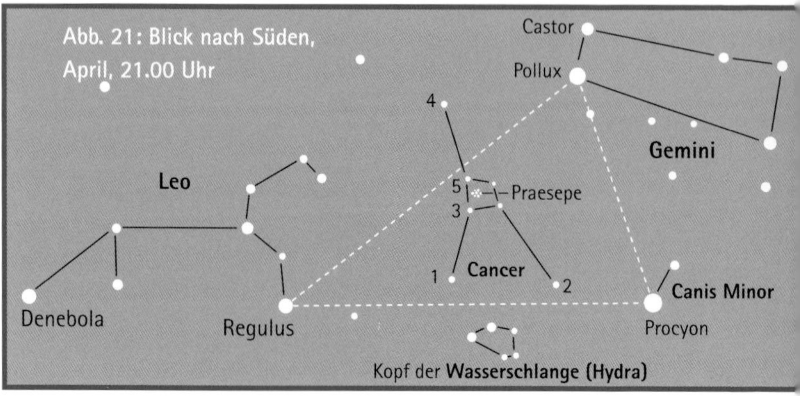

Die Orientierungshilfen im Überblick:

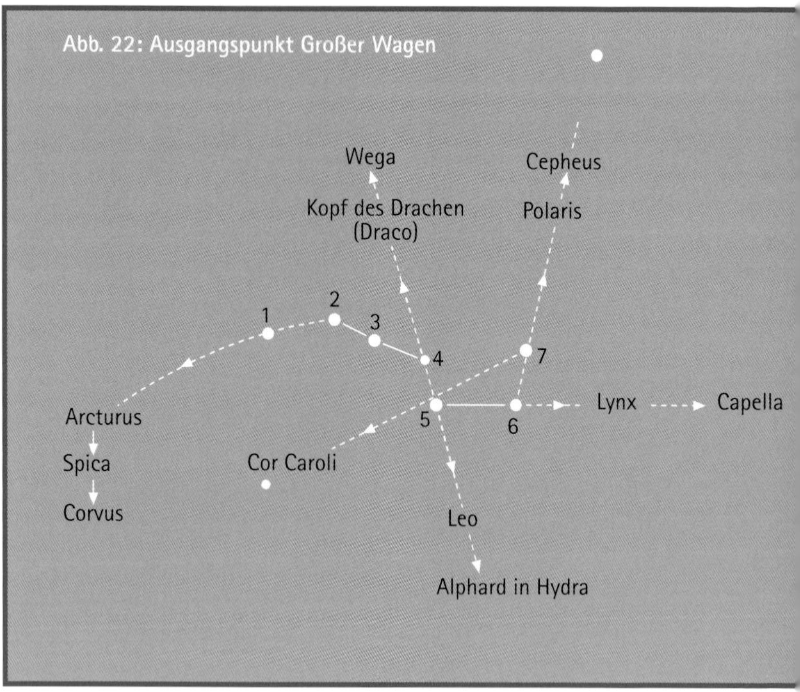

Abb. 23: Ausgangspunkt Kassiopeia

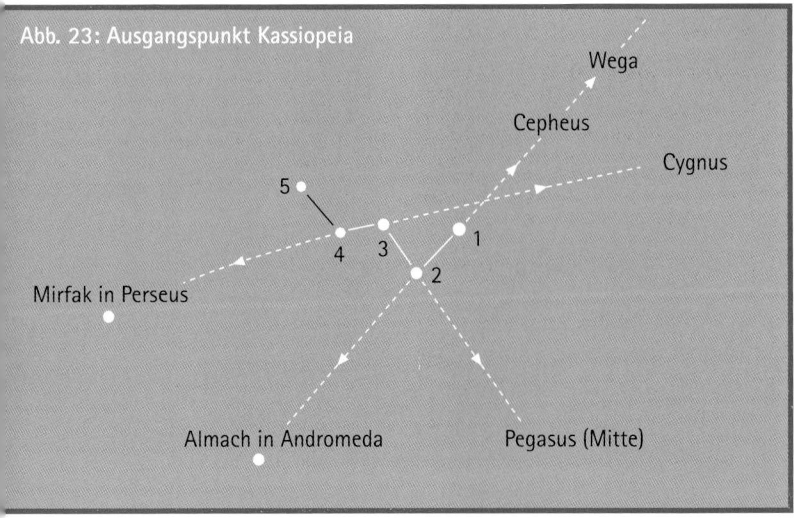

Abb. 24: Ausgangspunkt Cygnus

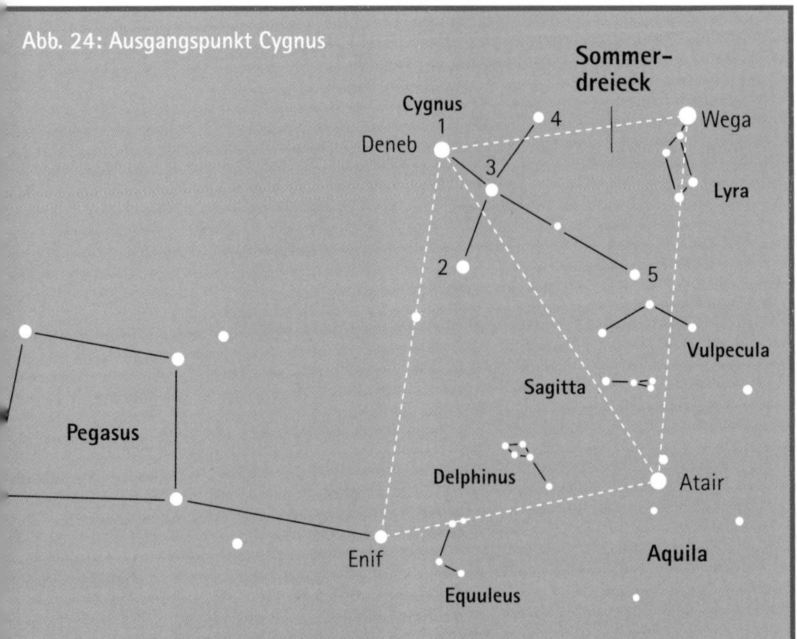

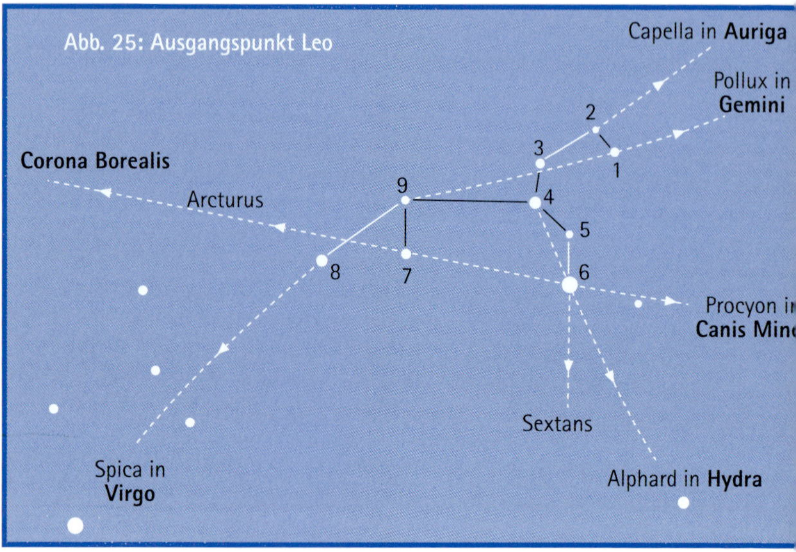
Abb. 25: Ausgangspunkt Leo
Capella in Auriga
Pollux in Gemini
Corona Borealis
Arcturus
1
2
3
4
5
6
7
8
9
Procyon in
Canis Min
Sextans
Spica in Virgo
Alphard in Hydra

Ausgangspunkt Orion

Der Himmelsjäger Orion ist während der Wintermonate, von Ende September bis Mitte April, am südlichen Himmel sichtbar.
Orion gehört zu den größten und auffälligsten Sternbildern am Nachthimmel. Seine Form erinnert an den Umriß einer Sanduhr. Die drei nebeneinander liegenden hellen Sterne 3, 4 und 5 ungefähr in der Mitte der Konstellation bilden den Gürtel des Orion. Stern 1 heißt Beteigeuze (oder Betelgeuse), und Stern 7 ist unter dem Namen Rigel bekannt (siehe Abb. 27).
Am Sternbild Orion können wir noch einmal ausprobieren, wie gut unsere Entfernungsschätzungen am Himmel sind. So liegen die Sterne 6 und 7 ungefähr 7 Grad und die Sterne 1 und 7 etwa 20 Grad auseinander. Prägen wir uns Orion gut ein, denn er eignet sich hervorragend als Wegweiser zu einer Reihe benachbarter Sternbilder sowie zu den Plejaden.

Die Umgebung von Orion

Orion ist halbseitig von sechs sehr hellen Sternen umrahmt (siehe Abb. 26):

Sirius im Sternbild Großer Hund (Canis Major)
Procyon im Sternbild Kleiner Hund (Canis Minor)
Pollux im Sternbild Zwillinge (Gemini)
Kastor im Sternbild Zwillinge (Gemini)
Capella im Sternbild Fuhrmann (Auriga)
Aldebaran im Sternbild Stier (Taurus).

Falls uns in dieser Region einmal ein weiterer ungewöhnlich heller »Stern« auffällt, sollten wir uns nicht wundern. Mit großer Wahrscheinlichkeit wird es sich nämlich nicht um einen Stern, sondern um einen Planeten handeln.

Abb. 26: Blick nach Süden, Februar, 21.00 Uhr

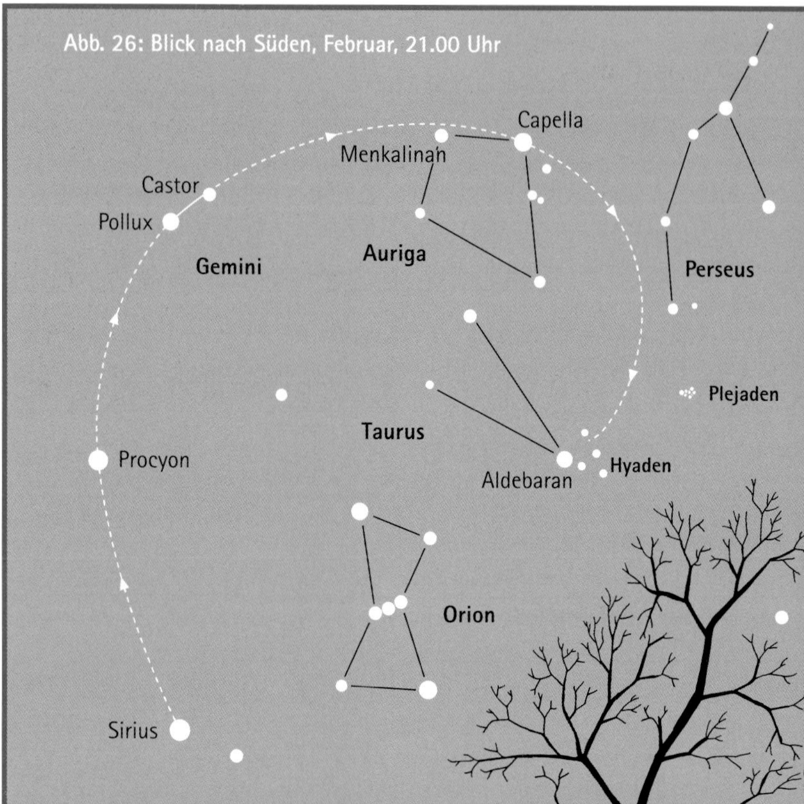

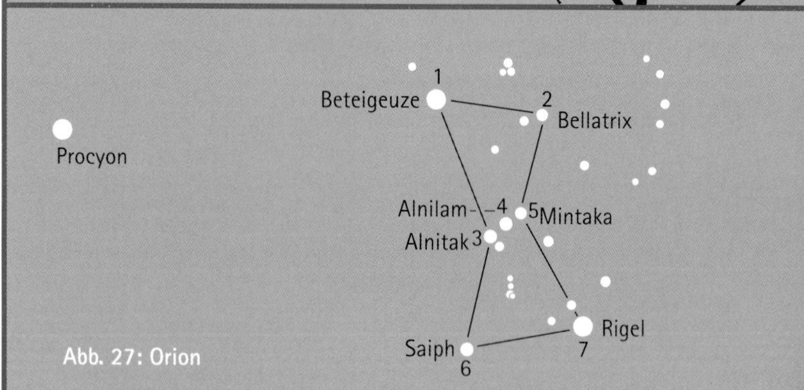

Abb. 27: Orion

Bestimmung des Sterns Sirius im Sternbild Großer Hund (Canis Major) (Abb. 28)

Sirius ist der hellste Stern am Himmel.

Verlängert man die Gürtelsterne des Orion nach unten, so führt die Linie knapp oberhalb von Sirius vorbei; verlängert man sie nach oben, verläuft sie etwas unterhalb des Sterns Aldebaran im Stier. Der Abstand zwischen Sirius und Stern 6 (Saiph) des Orion beträgt ungefähr 15 Grad. Der Abstand zwischen Aldebaran und Stern 2 (Bellatrix) des Orion ist ebenfalls 15 Grad.

Bestimmung des Sterns Procyon im Sternbild Kleiner Hund (Canis Minor)

Procyon liegt ungefähr 25 Grad oberhalb von Sirius. Wenn man genau hinschaut, stellt man fest, daß sich zwischen diesen beiden hellen Sternen das Band der Milchstraße erstreckt.

Das Winterdreieck ist ein gleichseitiges Dreieck, das von den Sternen Beteigeuze (Stern 1) im Orion, Sirius im Großen Hund und Procyon im Kleinen Hund gebildet wird.

Bestimmung des Sternbilds Stier (Taurus) sowie der Sternhaufen der Hyaden und Plejaden

Der Stier ist das Symbol für die Liebe und den Frühling, den Beginn der fruchtbaren Jahreszeit.

Eine Linie durch Rigel und Bellatrix, Stern 7 und Stern 2 im Orion, führt über den Stern El Nath im Stier fast genau zu Capella im Sternbild Fuhrmann.

Die Gürtelsterne des Orion (Sterne 3, 4 und 5) weisen in leichtem Bogen nach oben zu Aldebaran.

Bestimmung der Plejaden

Am einfachsten lassen sich die Plejaden, die manchmal auch das Siebengestirn genannt werden, von Orion aus im Süden finden. Es ist jedoch eine gute Übung, sich dem Sternhaufen von Kassiopeia im Norden über Perseus zu nähern. Auf diese Weise lernen wir auch gleich die Beziehungen zwischen nördlichen und südlichen Sternbildern besser kennen.

- Von Orion gelangen wir über Aldebaran und die Hyaden zu dem leicht verschwommenen Sternhaufen der Plejaden. Die Entfernung zwischen Aldebaran und den Plejaden beträgt ungefähr 10 Grad.
- Von den Sternen 3 und 4 in Kassiopeia ziehen wir eine Linie zu Mirfak im Sternbild Perseus und folgen dann der leichten Krümmung des Perseus bis zu den Plejaden.
- Nun läßt sich auch der Polarstern von Orion aus leicht finden. Wir folgen den Gürtelsternen des Orion über Aldebaran, die Plejaden, den Bogen des Perseus bis zu Kassiopeia und bestimmen von dort aus den Polarstern (siehe Abb. 8).

Mehr über die Plejaden kann man in den Legenden vom Stier und vom Großen Bären erfahren.

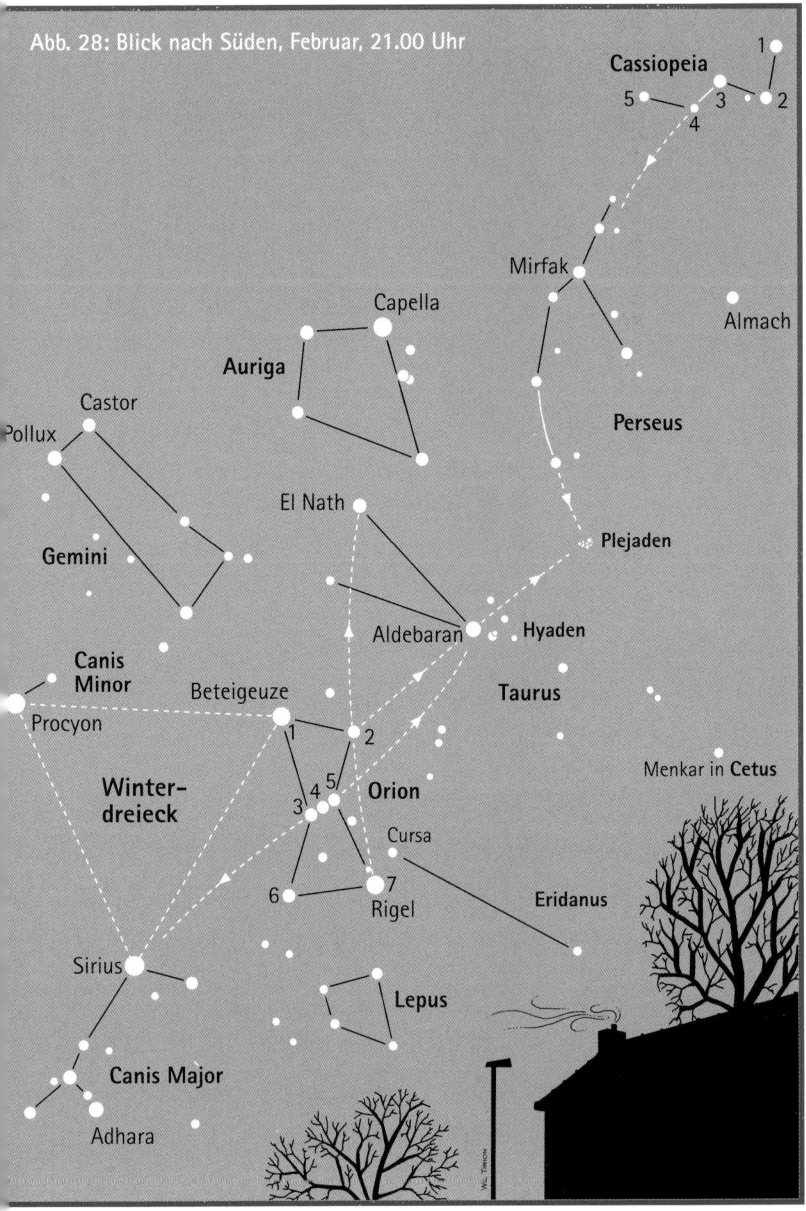
Abb. 28: Blick nach Süden, Februar, 21.00 Uhr
Cassiopeia
1
2
3
4
5
Mirfak
Almach
Capella
Auriga
Perseus
Castor
Pollux
Gemini
El Nath
Plejaden
Aldebaran
Hyaden
Taurus
Canis
Minor
Procyon
Beteigeuze
Menkar in Cetus
Winter-
dreieck
Orion
Cursa
Rigel
Eridanus
Sirius
Lepus
Canis Major
Adhara

Bestimmung des Sternbilds Zwillinge (Gemini) (Abb. 29)

Das Sternbild Zwillinge bildet ein Rechteck, in dem Kastor und Pollux zwei der Eckpunkte einnehmen. Die Zwillinge gelten als Symbol wahrer Freundschaft.

- Eine gebogene Linie führt von Sirius über Procyon zu Pollux und Kastor.
- Eine Linie durch die Sterne 7 (Rigel) und 3 des Orion weist genau auf Pollux.
- Eine leicht gekrümmte Linie durch die Sterne 5 und 1 (Beteigeuze) von Orion zeigt auf Kastor. Der Abstand zwischen Kastor und Beteigeuze beträgt ungefähr 30 Grad.

Bestimmung des Sternbilds Fuhrmann (Auriga)

Die Sterne des Fuhrmanns bilden einen Drachen, der sich genau über den Hörnern des Stiers befindet. Sein Hauptstern Capella ist der sechsthellste Stern am Himmel. Rechts unterhalb von Capella befinden sich drei lichtschwache Sterne, die als Zicklein bezeichnet werden.

- Vom Stern Almach in der Andromeda gelangen wir in leichtem Bogen über Mirfak in Perseus zum hellen Stern Capella.
- Genau auf der Verlängerung der Sterne 5 und 6 des Großen Wagens liegt in etwa 50 Grad Entfernung Capella.
- Verbinden wir die Wega mit dem Polarstern, so führt die Verlängerung dieser Linie knapp an Capella vorbei.
- Verbinden wir Stern 4 in Orion mit El Nath im Stier, so weist die Verlängerung dieser Linie genau auf Capella.

Capella liegt je 23 Grad von Aldebaran und Kastor entfernt. Zu Mirfak beträgt der Abstand 10 Grad und zu Beteigeuze 35 Grad.

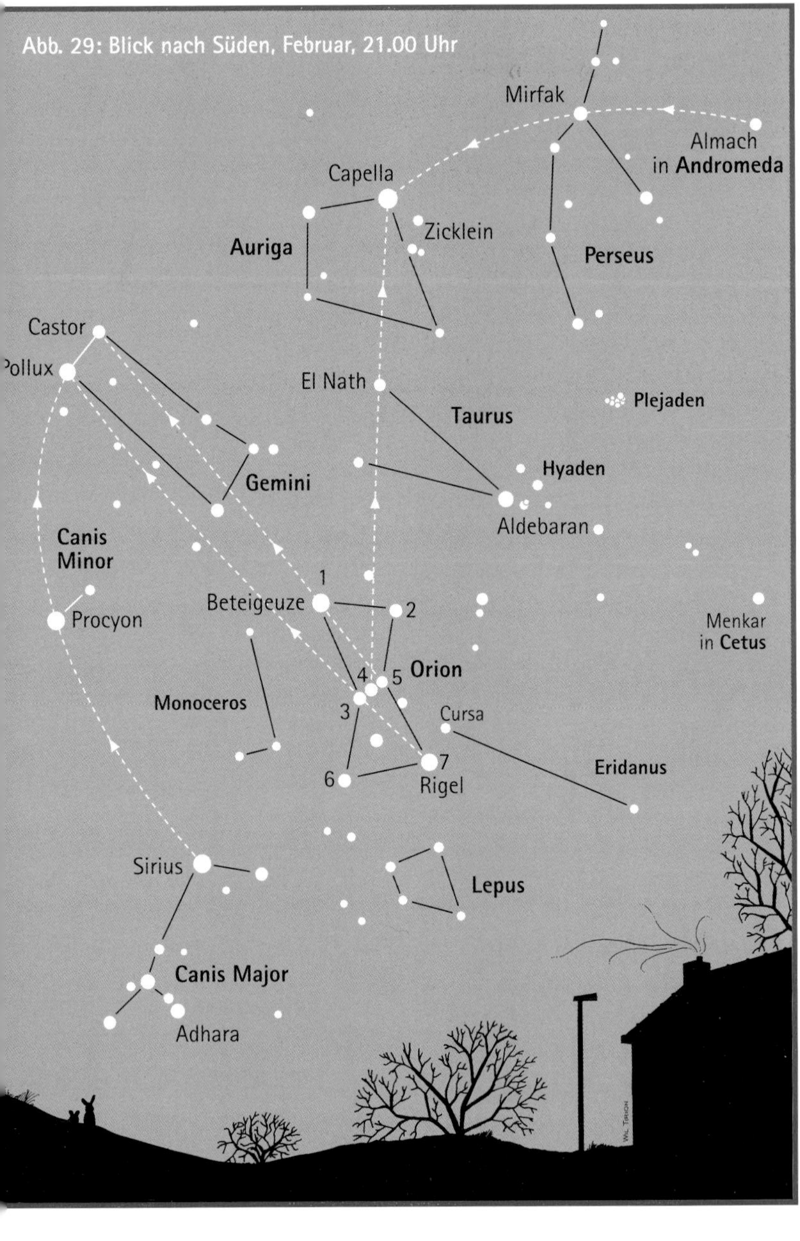

Abb. 29: Blick nach Süden, Februar, 21.00 Uhr

Bestimmung der Sternbilder Hase (Lepus), Taube (Columba), Fluß Eridanus (Eridanus) und Walfisch (Cetus) (Abb. 30)

Von Stern 4 über Stern 8 des Orion gelangen wir zu Arneb im Sternbild Hasen und schließlich zu Phact im Sternbild Taube.

Die Sterne 6 und 7 des Orion bilden mit Arneb im Hasen ein Dreieck.

Bestimmung des Sternbilds Eridanus

In der griechischen Mythologie ist Eridanus der Fluß der Unterwelt.

Ungefähr 3 Grad rechts oberhalb von Rigel (Stern 7) im Sternbild Orion befindet sich Cursa, einer der Hauptsterne von Eridanus.

Bestimmung des Sternbilds Walfisch (Cetus)

Drei recht helle Sterne kennzeichnen dieses Sternbild: Menkar (Stern 1), Mira (Stern 2) und Diphda (Stern 3). Stern 2 ist ein sogenannter veränderlicher Stern, dessen Helligkeit Schwankungen unterliegt.

Der Stern Aldebaran im Stier, die Plejaden und Menkar im Sternbild Walfisch bilden ein großes gleichschenkliges Dreieck.

Von Stern 3 über Stern 1 (Aldebaran) im Sternbild Stier gelangt man in einem leichten Bogen zum Sternbild Walfisch. Der Abstand zu Aldebaran beträgt etwa 25 Grad.

Kehren wir nun zu Orion zurück (Abb. 26) und suchen wir von dort nochmals Sirius. Prägen wir uns den charakteristischen Sternenbogen von Sirius über Procyon, Pollux, Kastor, Menkalinan, Capella und Aldebaran gut ein.

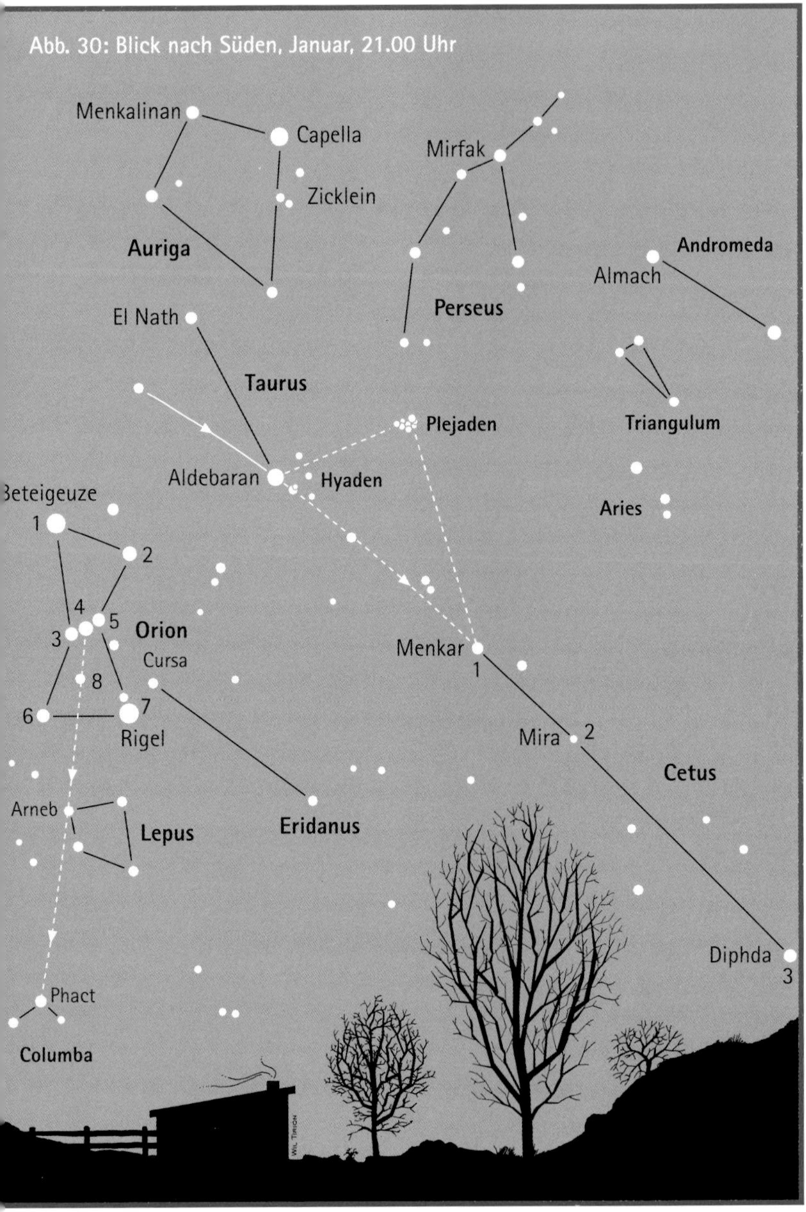
Abb. 30: Blick nach Süden, Januar, 21.00 Uhr
Menkalinan
Capella
Zicklein
Auriga
Mirfak
Perseus
Andromeda
Almach
El Nath
Taurus
Triangulum
Plejaden
Aldebaran
Hyaden
Aries
Beteigeuze
1
2
4
5
3
Orion
Cursa
8
6
7
Rigel
Menkar
1
Mira
2
Cetus
Arneb
Lepus
Eridanus
Diphda
3
Phact
Columba
Wil Tirion

Bestimmung des Sternbilds Schlangenträger (Ophiuchus) (Abb. 31)

- Die Sterne Atair im Adler und Wega in der Leier, die wir bereits vom Sommerdreieck kennen, bilden gemeinsam mit Ras Alhague (Stern 1) im Schlangenträger ein gleichseitiges Dreieck. Diese Konstellation wird auch Südliches Sommerdreieck genannt.
- Folgt man dem Bogen der Sterne 3, 2 und 1 im Sternbild Skorpion, so gelangt man zu Stern 4 im Schlangenträger.

Die Sterne 1 (Ras Alhague) und 5 (Sabik) des Schlangenträgers liegen ungefähr 30 Grad voneinander entfernt.

Bestimmung des Sternbilds Schlange (Serpens)

Die Schlange ist ein geteiltes Sternbild, das scheinbar durch die untere Hälfte des Schlangenträgers hindurch verläuft. Es liegt oberhalb des Sternbilds Skorpion.

Bestimmung des Sterns Antares im Sternbild Skorpion (Scorpius)

Der hellste Stern dieser tief am Himmel stehenden prachtvollen Konstellation ist Antares. Er wird auf jeder Seite von einem dunkleren Stern flankiert.

- Verbindet man den Stern Wega in der Leier mit Ras Alhague im Schlangenträger, so führt die Linie in leichtem Bogen zu Antares.
- Arcturus im Bärenhüter, Spica in der Jungfrau und Antares bilden zusammen ein großes Dreieck.

Bestimmung des Sternbilds Schütze (Sagittarius)

Die Sterne dieser Konstellation liegen zwischen unserem Sonnensystem und dem Zentrum der Milchstraße. Ihre größte Dichte erreicht die Milchstraße hinter dem Sternbild des Schützen. Manchmal wird das Sternbild auch als der Umriß einer Teekanne gedeutet.

Vom mittleren Stern im Kopf des Skorpions (Stern 2) gelangt man über Antares zum unteren Stern des Schützen.

Bestimmung des Sternbilds Waage (Libra)

Eine Linie von Antares durch Stern 2 im Kopf des Skorpions führt genau zum Sternbild Waage.

Schauen wir uns zum Abschluß an, welche Beziehungen zwischen den Sternen Atair im Adler, Wega in der Leier, Arcturus im Bärenhüter und Spica in der Jungfrau sowie zwischen den Sternbildern Schütze, Skorpion und Schwan bestehen.

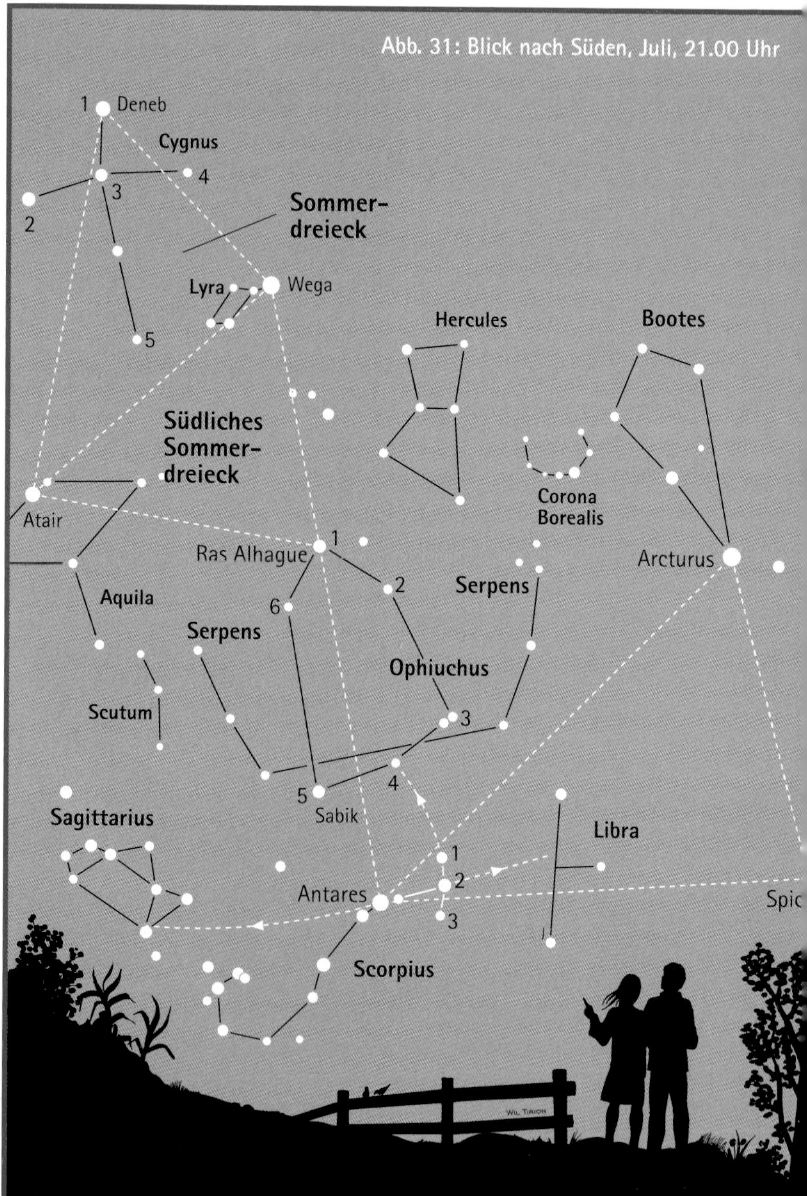
Abb. 31: Blick nach Süden, Juli, 21.00 Uhr
1 Deneb
Cygnus
4
3
2
Sommer-
dreieck
Lyra
Wega
5
Hercules
Bootes
Südliches
Sommer-
dreieck
Corona
Borealis
Atair
1
Ras Alhague
Arcturus
2
Serpens
Aquila
6
Serpens
Ophiuchus
Scutum
3
4
5
Sabik
Sagittarius
Libra
1
2
Antares
Spic
3
Scorpius
Wil Tirion

Teil 3

Die Sternbilder und ihre Legenden

Die Legende vom Adler Aquila

Aquila war der zahme Adler des Zeus. Er spielt nicht nur in der Legende von Ganymed, dem Wassermann, eine Rolle, sondern auch in der folgenden Geschichte, in der berichtet wird, wie das Feuer auf die Erde kam.

Die Titanen waren göttergleiche Riesen, die gegen Zeus kämpften, den griechischen Gott und neuen Beherrscher der Welt, der auf dem Olymp thronte. Prometheus war einer der Titanen, aber er bekämpfte Zeus nicht. Als der Krieg vorbei war, wurde er einer von Zeus' Ratgebern. Während er ihm diente, bemerkte er eines Tages, daß die Menschen kein Feuer besaßen und sich deshalb weder gegen Kälte schützen noch warmes Essen zubereiten konnten. Sie taten ihm leid, und so stahl er einen Sonnenstrahl, verbarg ihn in einem Bambusköcher und schickte ihn auf die Erde hinab. Mit diesem Sonnenstrahl nun konnten die Menschen auf der Erde Feuer machen und sich wärmen.

Zeus wurde sehr zornig, als er sah, daß den Menschen ohne seine Erlaubnis das Feuer geschenkt worden war. Deshalb ließ er Prometheus ergreifen und an einen Berg im Kaukasus ketten, wo er für alle Zeiten den Angriffen des Adlers Aquila ausgesetzt sein sollte. Nach jedem Schnabelhieb sollte seine Wunde heilen und von Aquila wieder aufgehackt werden. Eines Tages, als der Adler den angeketteten Titanen gerade wieder in die Leber hacken wollte, kam Herkules vorbei und sah, was geschah. Da er Prometheus für seine barmherzige Tat dankbar war und die von Zeus verhängte Strafe als grausam empfand, schoß er einen seiner magischen Pfeile auf Aquila ab und verwundete ihn damit schwer. Zeus heilte die Wunden seines geliebten Adlers und versetzte ihn als Sternbild an den Himmel. Man findet ihn am Schwanzende des Schwans (Cygnus).

Die Legende von Andromeda

Die Geschichte der Andromeda ist mit den Legenden von Kassiopeia und Perseus verknüpft.

Die Legende von Aries, dem Widder

Aries war der Widder des Zeus. Sein Fell bestand nicht aus gewöhnlicher weißer Wolle, sondern aus einem goldenen Vlies. Eines Tages sah Zeus auf die Erde herab und bemerkte zwei Kinder, die sich in großer Gefahr befanden. Sofort sandte er Aries hinunter, um die Kinder zu retten, was dem Widder in letzter Minute gelang. Die Kinder sprangen auf seinen Rücken, und eiligst brachte er sie in Sicherheit. Zum Gedenken an diese mutige Tat versetzte Zeus seinen Widder als Sternbild an den Himmel, wo er gemeinsam mit dem geflügelten Pferd Pegasus frei umherstreifen kann.

Die Legende vom Becher

Das Sternbild des Bechers liegt direkt neben dem Sternbild des Raben. Besonders die Ägypter achteten auf diese Konstellation, denn wenn der Becher über dem Horizont erschien, bedeutete dies, daß die Überschwemmung des Nils ihren Höchststand erreicht hatte und bald wieder abklingen würde.

Die Legende von Bootes, dem Bärenhüter

Bootes war der Sohn von Demeter, der griechischen Göttin des Ackerbaus. Er war ein einfühlsamer junger Mann, verantwortungsbewußt und ideenreich. Als er bemerkte, wie sehr sich die Menschen auf der Suche nach Nahrung abmühten, überlegte er, wie er ihnen helfen könnte. Er war sich bewußt, daß es keine gute Lösung wäre, den

Menschen einfach Nahrung zu schicken, denn dann würden sie für immer von ihm abhängig werden. Statt dessen wollte er ihnen helfen, unabhängig zu werden, und sie lehren, sich selbst zu helfen. Und so baute er den ersten Pflug und sandte ihn zur Erde. Seither sind die Menschen in der Lage, das Land umzupflügen und sich ihre Nahrung selbst anzubauen. Für diese große Tat zum Wohle der Menschheit ehrten ihn die Götter mit einem Platz am Himmel in der Nähe des Großen Wagens, der übrigens manchmal auch als Pflug bezeichnet wird.

Die Legende von Corvus, dem Raben

Corvus war der Lieblingsrabe von Apollo, dem Gott der Jugend und der Musik. Er war ein prächtiger Vogel mit einer wunderschönen Stimme. Eines Tages bat Apollo den Raben, einen Auftrag für ihn zu erledigen und danach unverzüglich zurückzukehren. Corvus machte sich sogleich auf den Weg und erledigte alles, was ihm befohlen war. Als er sich schon auf dem Rückweg befand, flog er jedoch an einem Feigenbaum vorbei, an dem wunderschöne unreife Früchte hingen. Dies ließ ihm keine Ruhe, und so wartete er neben dem Baum einige Tage, bis die Feigen so reif waren, daß er sie essen konnte. Dann setzte er eilends seinen Rückflug fort. Als Apollo ihn fragte, warum er so lange gebraucht habe, erfand Corvus eine Ausrede, doch Apollo wußte, daß dies gelogen war. Enttäuscht darüber, daß Corvus, dem er vertraut hatte, ihm nicht die Wahrheit sagte, verwandelte er den schönen Gesang des Raben in heiseres Gekrächze.

Die Legende vom Drachen

Für die alten Chaldäer, die im Zweistromland von Euphrat und Tigris lebten, verkörperte der Drache Tiamat Chaos, Dunkelheit und das Böse. Der Sage nach lebte Tiamat in einer Zeit, in der das Meer und der Himmel noch nicht getrennt waren. Eines Tages erhoben sich die Götter und das Licht der Sonne aus dem Meer des Chaos, um gegen den Drachen Tiamat zu kämpfen. Aber der Drache war so mächtig und furchteinflößend, daß selbst die Götter nichts gegen ihn auszurichten vermochten. Das Böse behielt die Oberhand, bis eines Tages Marduk, einer der Götter des Lichts, auf der Bildfläche erschien. Er vereinte die gesammelten magischen Kräfte der Götter des Guten und des Lichts in sich, und solchermaßen gewappnet gelang es ihm, den Drachen zu besiegen. Das Licht verdrängte die Dunkelheit, und das Gute triumphierte über das Böse. Als Zeichen dafür, daß das Gute siegen kann, wurde der Drache Tiamat an den Himmel verbannt.

Die Legende von Eridanus, dem Fluß der Unterwelt

Eridanus entspringt in der Nähe des Sterns Rigel im Orion und erstreckt sich unterhalb des Sternbilds Stier bis zum Walfisch. Der Fluß Eridanus kommt in der Legende vom Schwan vor.

Die Legende vom Fuhrmann

Der Fuhrmann wird oft als der Beschützer der Hirten dargestellt. Er zieht mit seinem Wagen über den Himmel und trägt dabei eine Ziege auf dem Arm. Überall auf der Welt wissen die Schäfer, daß das Erscheinen des Fuhrmanns am nächtlichen Himmel Regen, frisches Gras und reichlich Nahrung für die Herden ankündigt.
Man sagt, Zeus habe einmal versehentlich einer Ziege ein Horn abgebrochen. Er entschuldigte sich für dieses Mißgeschick, indem er das Horn mit reichen Gaben füllte. Dies ist der Ursprung des Begriffs Füllhorn.

Die Legende vom Großen und vom Kleinen Hund

Der Große und der Kleine Hund waren die Jagdhunde des Orion. Der Große Hund war ein so guter Läufer, daß er jedes Tier einholen konnte, und er erwarb sich dadurch Orions besondere Wertschätzung.
Die alten Ägypter sahen in Sirius, dem hellsten Stern im Sternbild des Großen Hundes, ihren Gott Anubis, der mit einem menschlichen Körper und einem Schakalskopf dargestellt wird. Wenn Sirius kurz vor der Morgendämmerung am Himmel erschien, kündigte dies das alljährliche Hochwasser des Nils an. Dies war für die ägyptischen Bauern von großer Bedeutung, da durch die Flut frischer Schlamm angeschwemmt wurde, der den Boden fruchtbar machte. Sirius wird auch Hundsstern genannt, und die heißen Sommertage zwischen Juli und Anfang September heißen Hundstage.

Die Legende vom Großen Wagen

Das Sternbild Großer Wagen gehört zum größeren Sternbild des Großen Bären.
Als die Erde noch sehr jung war, schickte ein weiser Indianer seine sieben Söhne in den Wald, damit sie lernten, den Wind zu verstehen. Tief drangen sie in den Wald vor und lauschten auf jedes Geräusch des Windes. Als die Nacht hereinbrach, fanden sie einen geschützten Platz, wo sie sich zur Ruhe niederlegten, während die Sterne hell am Himmel standen.
In der Nacht wachte der älteste Bruder plötzlich vom Heulen des Windes auf. Zwar konnte er die Botschaft des Windes nicht verstehen, doch als er zu den Sternen hinaufblickte, glaubte er ein helles Funkeln in den Plejaden wahrzunehmen. Er erschrak. Es schien ihm fast, als ob sie winkten, denn sie flackerten im Rhythmus des Windes.
Sofort weckte er seine Brüder, damit sie ihm halfen, den Gesang des Windes zu verstehen. Sie faßten sich an den Händen und begannen

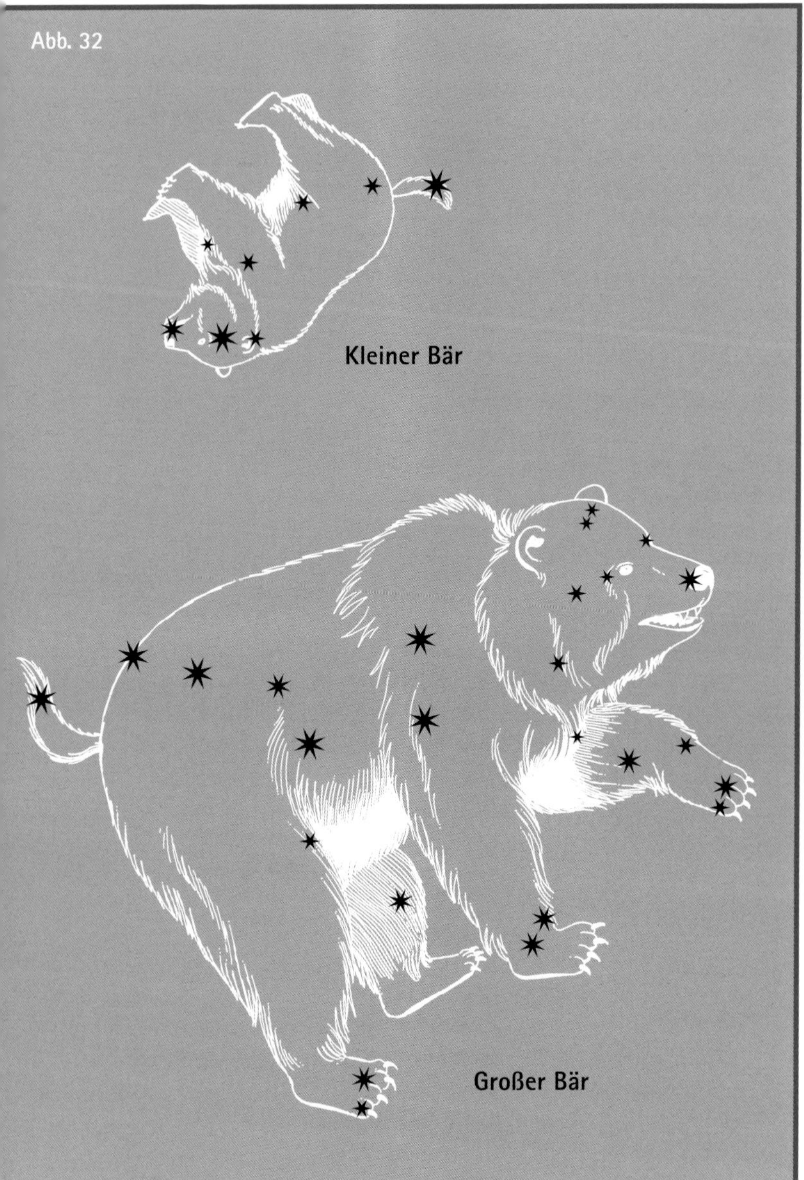
Abb. 32
Kleiner Bär
Großer Bär

zu tanzen. Immer stärker heulte der Wind, und immer wilder wurde ihr Tanz. Plötzlich erhoben sie sich in die Lüfte und flogen dem flackernden Stern entgegen. Es war die jüngste der sieben Plejaden-Schwestern, die sich in den jüngsten der sieben Brüder, Mizar, verliebt hatte. Seit dieser Zeit stehen die sieben Brüder als die Sterne des Großen Wagens am Himmel. Wenn man genau hinsieht, kann man Mizar mit seiner Geliebten in der Deichsel des Wagens erkennen.

Diese Geschichte geht auf eine mongolische und eine indianische Legende zurück.

Die Legende vom Haar der Berenike

Berenike, die Gemahlin des ägyptischen Königs Ptolemäus Euergetes, war eine wunderschöne Frau mit herrlichem goldenem Haar. Als der König eines Tages zu einem gefährlichen Feldzug aufbrechen mußte, gelobte Berenike, ihr Haar der Göttin der Schönheit zu opfern, wenn ihr Gemahl unversehrt zurückkehre. Getreu ihrem Versprechen schnitt sie ihr schönes Haar nach seiner Rückkehr ab, und Zeus verwandelte es in Sterne. Das Sternbild Haar der Berenike, ein schwacher, wie mit Spitze durchwirkter Sternhaufen, liegt in der Nähe der Sterne Arcturus im Bärenhüter und Cor Caroli im Sternbild Jagdhunde. Es gilt als ein Symbol für die Opferbereitschaft wahrer Liebe.

Die Legende von Herkules

Herkules, der Sohn des Gottes Zeus und der Sterblichen Alkmene, gehört zu den großen Helden der griechischen Mythologie. Schon als Kind bewies er, welche gewaltigen körperlichen Kräfte in ihm schlummerten, doch wichtiger noch war seine charakterliche Stärke, die zutage trat, als er als junger Mann zwei Frauen traf, die das Laster und die Tugend verkörperten. Vor die Wahl gestellt, entwe-

der ein genußreiches und bequemes Leben zu führen oder aber hart zu arbeiten und dafür ein Held und Wohltäter der Menschheit zu werden, entschied sich Herkules für das letztere. Später wurde er von dem weisen Zentaur Chiron unterrichtet.
Zu seinen Heldentaten gehörte es, die Welt von Ungeheuern befreit zu haben. So kämpfte er 30 Tage lang gegen den Nemeischen Löwen, bis es ihm gelang, ihn zu töten. Ferner besiegte er die gewaltige neunköpfige Hydra von Lerna, die jeden einzufangen und zu verspeisen pflegte, der sich in die Nähe ihres Sumpfes wagte. Nach dem Kampf wurde die Hydra an den Himmel geschleudert, wo sie das Sternbild Wasserschlange bildet. Während Herkules noch mit der Hydra rang, wurde er von einem riesigen Krebs angegriffen, den er aber ebenfalls besiegte. Das Sternbild Krebs (Cancer) erinnert an diese Begegnung. Darüber hinaus fing Herkules den wilden Erymanthischen Eber, der die Weinberge verwüstete, und den feuerspeienden Kretischen Stier Minotaurus, der die Menschen in Angst und Schrecken versetzte.
Insgesamt vollbrachte Herkules zwölf solcher Heldentaten. Etliche Jahre danach wurde er versehentlich mit dem Blut eines Zentaurs vergiftet. Nach seinem Tod setzten ihn die Götter als Sternbild an den Himmel, wo er noch heute als Symbol für Selbstlosigkeit und Hilfsbereitschaft zu sehen ist.

Die Legende von Hydra, der Wasserschlange

Die Hydra war ein neunköpfiges Ungeheuer, das im Sumpf von Lerna hauste und alle Menschen tötete und auffraß, die sich in ihre Nähe wagten. Ihr Blut war giftig. Herkules erhielt den Auftrag, das Ungeheuer unschädlich zu machen, was allerdings leichter gesagt als getan war. Immer wenn Herkules dem tückischen Ungeheuer einen Kopf abschlug, wuchsen sofort mehrere neue nach. Schließlich gelang es ihm, die Hydra zu töten, indem er jedesmal, wenn er einen Kopf abgetrennt hatte, den Halsstumpf mit Feuer ausbrannte, wodurch er verhinderte, daß ein neuer Kopf nachwuchs.

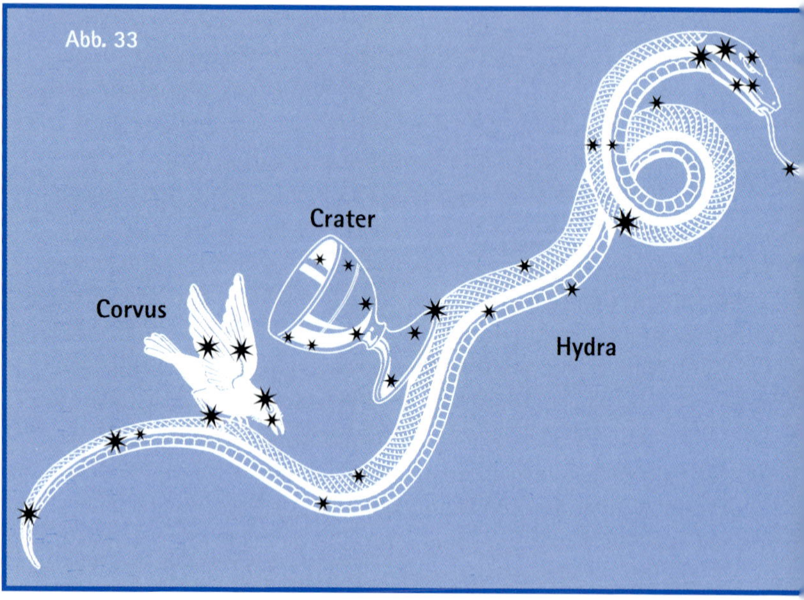

Die Legende der Jungfrau

Das Sternbild der Jungfrau ist ein Symbol für die Göttin der Erde und der Fruchtbarkeit, aber auch für die Erntezeit.
Im alten Babylonien erzählte man sich von einer Zeit, in der die Erde auf einmal dunkel wurde. Die Pflanzen konnten nicht mehr gedeihen, und die Tiere vermehrten sich nicht. Es war die Zeit, als Ischtar, die chaldäische Göttin der Erde und der Fruchtbarkeit, durch die sieben Tore der Unterwelt schritt, um ihren Gemahl Tammuz zu finden, der von einem wilden Eber getötet worden war und sich nun in der Unterwelt befand. Sobald Ischtar das erste Tor durchschritten hatte, verdunkelte sich plötzlich die Erde. Unerschrocken ging sie weiter, bis sie schließlich vor der Königin der Unterwelt stand. Als diese sich auf ihre Bitte weigerte, Tammuz herauszugeben, sandten die Götter der Erde eine Botschaft an die Königin der Unterwelt, in der sie ihr mit der Vernichtung drohten, falls sie Tammuz nicht

freigäbe. Daraufhin mußte die Königin der Unterwelt einlenken; sie besprenkelte Ischtar und Tammuz mit magischem Wasser und entließ sie durch die sieben Höllentore in die Freiheit. Kaum weilte Ischtar wieder auf der Erde, kehrte das Licht zurück. Der Frühling setzte ein, die Blumen begannen zu blühen, und die Sonne erwärmte das Land.

Die Legende von Kassiopeia

Kassiopeia, die schöne Königin von Äthiopien, war die Gemahlin des Königs Kepheus. Sie war so stolz auf ihre Schönheit, daß sie überheblich wurde und sich sogar damit brüstete, schöner zu sein als die Nereiden, die Töchter des greisen Meergottes Nereus. Eine solche Prahlerei erbitterte die Nereiden, nicht weil sie selbst ebenso eingebildet waren, sondern weil Kassiopeia nicht einsah, daß die Schönheit, mit der sie die Natur ausgestattet hatte, nicht ihr Verdienst war. Anstatt dankbar zu sein, war sie stolz und anmaßend geworden, was von beträchtlicher Selbstüberschätzung und falschen Wertvorstellungen zeugte.
Die Nereiden baten deshalb Poseidon, den obersten Gott der Meere, die Königin Kassiopeia für ihre Anmaßung und ihre Eitelkeit zu bestrafen. Daraufhin befahl Poseidon dem Seeungeheuer Cetus, das äthiopische Königreich zu verwüsten.
Als König Kepheus und Königin Kassiopeia von Poseidons Entschluß erfuhren, wandten sie sich bestürzt an das alte und weise Orakel von Äthiopien um Rat. Das Orakel verkündete ihnen, sie müßten ihre liebliche Tochter Andromeda opfern, um die Meeresgötter zu besänftigen. Obwohl es ihnen das Herz brach, ketteten sie Andromeda als Opfergabe für Cetus an einen Felsen über dem Meer.
Als das Seeungeheuer auf Andromeda zuraste, schrie sie vor Entsetzen auf. Perseus, der das geflügelte Pferd Pegasus ritt und mit dem abgeschlagenen Haupt der Medusa auf dem Weg nach Hause war, hörte die Schreie und eilte Andromeda sofort zu Hilfe. Gerade noch rechtzeitig konnte er dem heranstürmenden Cetus das Haupt

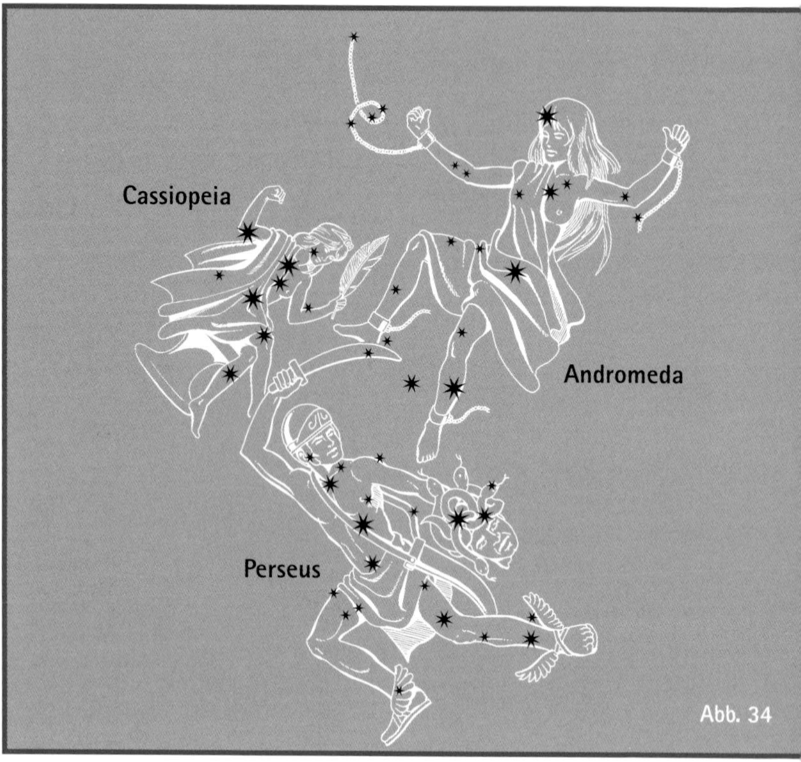

der Medusa entgegenhalten. Sofort kam das Seeungeheuer zum Stehen, denn jeder, der den Kopf der Medusa direkt anschaute, verwandelte sich zu Stein. Danach verbarg Perseus das Haupt sorgfältig wieder in einem Sack, damit Andromeda es nicht erblicken konnte. Dann löste er ihre Ketten, und erschöpft fiel sie in seine Arme. Beide verliebten sich sofort ineinander.

Obwohl der Meeresgott über das Scheitern der von ihm angeordneten Strafmaßnahme verärgert war, rührte ihn die Liebe von Perseus und Andromeda doch so sehr, daß er sie nebeneinander als Sternbilder in den Himmel erhob. Ihrer Liebe ist damit für alle Zeiten ein sichtbares Zeichen gesetzt. Gleichwohl fand Poseidon, daß Kassiopeia eine Strafe verdient hatte, und so plazierte er sie an eine

Stelle am Himmel, wo sie auf ewig dazu verdammt ist, um den Himmelspol zu kreisen, und zwar die Hälfte der Zeit auf dem Kopf stehend.

Die Legende von der Leier

Die Leier, ein harfenähnliches Musikinstrument, wurde der Sage nach von dem griechischen Gott Hermes erfunden, der sie aus einem Schildkrötenpanzer anfertigte. Ihr Klang war bezaubernd, doch vermochte Hermes es nicht, Melodien mit ihr zu erzeugen, weshalb er die Leier seinem Bruder Apollo schenkte. Apollo konnte zwar Melodien auf ihr spielen, doch gelang es ihm trotz aller Bemühungen nicht, die Musik mit Leben zu erfüllen. Aus diesem Grund ließ er Orpheus rufen und befahl ihm, das Instrument zu spielen. Orpheus war ein begnadeter Musiker, und kaum strichen seine Finger über die Saiten der Leier, schien es, als verstummte die Welt. Alle Geschöpfe der Erde – Tiere, Vögel, Bäume, sogar die Blumen – wandten sich Orpheus zu, um ihm zu lauschen. Als Apollo sah, welch erhebende Wirkung die Musik auf alle Lebewesen hatte, schenkte er die Leier Orpheus, damit er mit seiner Musik die Menschen in schwierigen Lebenssituationen ermutige.
Es gibt Nächte, die so dunkel und still sind, daß man beim Anblick der Leier einen Nachklang von Orpheus´ Balladen zu vernehmen meint.

Die Legende von Leo, dem Löwen

Leo war ein Löwe, der auf dem Mond lebte. Da die Nahrung dort sehr knapp war, versuchte er, eines der Pferde zu erbeuten, die den Wagen der Mondgöttin Selene zogen. Dabei wurde Leo jedoch von dem Pferd abgeschüttelt und landete auf der Erde in der Nähe des Ortes Nemea in Griechenland, wo er begann, Jagd auf Menschen zu machen. Wieder erhielt Herkules den Auftrag, dieses gefährliche

Untier zu erlegen. Er fertigte sich eine riesige Keule an und wartete mit dieser Waffe vor der Höhle des Löwen. Als der Löwe herauskam und ihn angriff, holte er aus und traf ihn mit der Keule auf den Kopf. Heulend zog sich der Löwe in seine Höhle zurück, doch Herkules war entschlossen, ihn nicht entkommen zu lassen. Furchtlos folgte er ihm. Da die Höhle so niedrig war, daß er seine Keule nicht benutzen konnte, stürzte er sich auf den Löwen und erwürgte ihn mit bloßen Händen.
Um Herkules für diese Heldentat zu ehren, setzte Zeus den besiegten Löwen als Sternbild an den Himmel. Mehr über die Heldentaten kann man in der Legende von Herkules erfahren.

Die Legende von der Nördlichen Krone

Von den Indianern Nordamerikas wird dieses Sternbild als eine Versammlung von Häuptlingen gedeutet, die im Halbkreis beisammensitzen, um über die Zukunft ihrer Stämme zu beraten.
In der griechischen Mythologie brachte man dieses Sternbild mit Ariadne, der schönen Tochter des Königs Minos von Kreta, in Verbindung. Als ihr Geliebter, ein Sterblicher, erfuhr, daß sie einem Gott als Gemahlin versprochen war, setzte er sie allein auf der Insel Naxos ab. Dort begegnete sie Dionysos, dem Gott des Weines und der Fruchtbarkeit, der sich in sie verliebte und sie heiraten wollte. Ariadne konnte jedoch zunächst nicht glauben, daß Dionysos ein Gott war, und so bat er Aphrodite, die Göttin der Liebe, ihm als Beweis seiner göttlichen Herkunft eine Krone aus wunderschönen Juwelen anzufertigen. Dieses Geschmeide gab er Ariadne als Brautgeschenk. Da Aphrodite Dionysos diesen Wunsch erfüllt hatte, war Ariadne davon überzeugt, daß er ein Gott war, und willigte ein, ihn zu heiraten. Überglücklich vor Freude nahm Dionysos die Juwelenkrone und schleuderte sie in den Himmel, wo sie noch heute funkelnd unter den Sternen zu sehen ist.

Die Legende von Orion

Hyrieus, ein armer Bauer, der in Theben lebte, war ein freundlicher Mann, der trotz seiner Armut sehr hilfsbereit war. Eines Tages nahm er drei ungewöhnliche Besucher auf und bewirtete sie freundlich. Er ahnte nicht, daß es sich um die Götter Zeus, Poseidon und Hermes handelte. Als Dank für seine Gastfreundschaft gewährten sie ihm eine Gunst. Hyrieus, der keine Kinder hatte, wünschte sich nichts sehnlicher als einen Sohn, und so wurde Orion geboren. Von den Göttern gesegnet, wuchs Orion zu einem vorzüglichen Jäger heran. Doch je berühmter Orion als Jäger wurde, desto grausamer verhielt er sich gegenüber den Tieren, die er jagte. Er tötete die Tiere aus Spaß und nicht aus Notwendigkeit. Artemis, die Göttin der Jagd, war darüber so empört, daß sie einen großen Skorpion losschickte, um ihn zu bestrafen. Orion wurde von dem Skorpion gestochen und lag im Sterben, als Äskulap, der Schlangenträger, ihm ein Gegengift verabreichte und damit sein Leben rettete. Um Haaresbreite dem Tode entronnen, erkannte Orion nach seiner Genesung, wie kostbar das Geschenk des Lebens ist und wie grausam und gedankenlos er sich früher verhalten hatte. Er gelobte Besserung und wurde daraufhin zusammen mit dem Skorpion, der ihn den Wert des Lebens gelehrt hatte, als Sternbild an den Himmel versetzt.

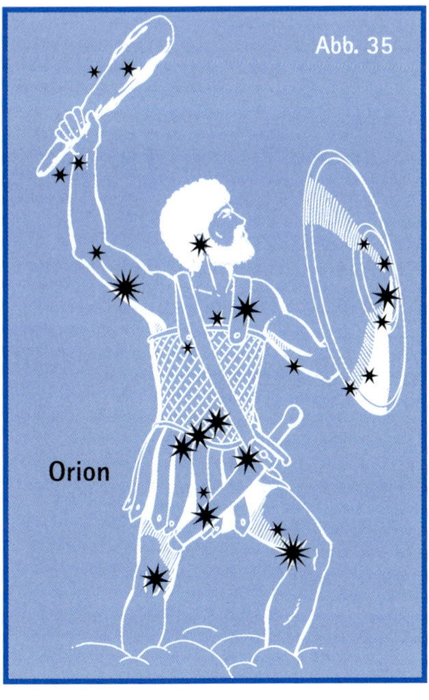

Die Legende von Pegasus

Pegasus, das magische geflügelte Pferd der griechischen Mythologie, war ein Nachkomme des Meeresgottes Poseidon und der Medusa. Auf ihm ritt Perseus so schnell am Himmel entlang, daß es ihm gerade noch gelang, die schöne Andromeda vor dem Meerungeheuer zu retten (siehe die Legende von Kassiopeia). Pegasus war auch das Streitroß, das den Helden Bellerophon durch die Lüfte trug und mit dessen Hilfe dieser etliche Abenteuer bestand.
Bellerophon war der Enkel des Königs Sisyphos von Korinth. Von selbstsüchtigem und arrogantem Wesen, trachtete Sisyphos stets danach, Menschen, die weniger schlau waren als er selbst, zu übervorteilen. Zur Strafe wurde er von den Göttern dazu verurteilt, einen riesigen Stein auf einen Berg zu wälzen. Doch immer wenn er die Spitze fast erreicht hatte, rollte der Stein wieder zurück. Diese mühsame und nutzlose Tätigkeit mußte er bis an sein Lebensende fortsetzen.
Bellerophon wurde nun eines Tages fälschlicherweise beschuldigt, etwas Böses begangen zu haben, und mußte deshalb zur Strafe verschiedene gefährliche Aufgaben bewältigen, was ihm mit Hilfe des geflügelten Pferdes Pegasus auch gelang. Zur Belohnung durfte er Pegasus behalten.
Mit zunehmendem Alter wurde Bellerophon ebenso arrogant wie sein Großvater. Er brüstete sich mit dem Besitz des magischen Pferdes, mit dem er sogar zu den Göttern reiten könne. Obwohl Bellerophon ein Sterblicher war, versuchte er eines Tages Pegasus zu zwingen, mit ihm auf den Olymp zu reiten, wo er sich unter die Götter mischen wollte. Pegasus war über diese Anmaßung so schockiert, daß er sich aufbäumte und Bellerophon abwarf. Während Pegasus zu den Göttern entfloh, stürzte Bellerophon auf die Erde hinab.

Die Legende von Perseus

Ein Orakel prophezeite dem griechischen König Akrisios von Argos, daß er eines Tages von der Hand seines Enkels sterben werde. Um dies zu verhindern, ließ Akrisios seine Tochter Danae einsperren. Kein Mann sollte sich ihr nähern dürfen. Zeus sah sie jedoch, verliebte sich in sie und fand Mittel und Wege, die Gefängnismauern zu überwinden. Als Danae Perseus zur Welt brachte, setzte der König sie mitsamt ihrem Kind in einer Kiste auf See aus. Doch unter Zeus' Schutz ging die Kiste nicht unter, sondern erreichte unversehrt die Insel Seriphos, wo der König Polydektes herrschte. Perseus wuchs dort zu einem beherzten jungen Mann heran, den es nach Ruhm und Abenteuern dürstete. Unterdessen hatte der König Polydektes Danae kennengelernt und sich in sie verliebt. Da er jedoch fürchtete, daß seine Werbung aussichtslos bliebe, solange Perseus in ihrer Nähe war, bat er Perseus, ihm das Haupt der Medusa zu bringen. Die einstmals schöne Medusa war von den Göttern wegen ihrer maßlosen Überheblichkeit in eine Gorgone, ein scheußliches geflügeltes Ungeheuer, verwandelt worden, um deren Haupt sich Schlangen ringelten und deren Haut aus Drachenschuppen bestand. Jeder, der es wagte, der Medusa ins Antlitz zu schauen, verwandelte sich augenblicklich zu Stein.

Um seine Aufgabe erfüllen zu können, war Perseus auf die Unterstützung dreier Nymphen angewiesen. Sie verrieten ihm, wo die Gorgonen lebten, und gaben ihm drei Hilfsmittel, die er für eine erfolgreiche Beendigung seiner Mission benötigte: ein Paar geflügelte Sandalen, mit denen er fliegen konnte, einen magischen Helm, der es ihm erlaubte zu sehen, ohne gesehen zu werden, und schließlich einen spiegelblanken, schimmernden Schild von der Göttin Athene. Nach einer langen, beschwerlichen Reise traf er schließlich bei den drei Gorgonen ein, als diese gerade schliefen. Vorsichtig näherte er sich ihnen, indem er rückwärts ging und seinen Schild als Spiegel benutzte. Auf diese Weise vermied er es, der Medusa direkt ins Gesicht zu schauen. Mit einem einzigen Hieb seines scharfen Schwerts, das er von Hermes erhalten hatte, hieb er ihr den Kopf ab und stopfte ihn in seine Tasche. Aus dem Hals der toten Medusa entsprang das geflügelte Pferd Pegasus.

Perseus schwang sich auf den Rücken von Pegasus und machte sich eiligst auf den Heimweg. Unterwegs vernahm er plötzlich die Rufe

von Andromeda, die an einen Felsen gekettet dem Meerungeheuer Cetus geopfert werden sollte. Kaum hatte er die schöne Andromeda erblickt, beschloß er augenblicklich, ihr zu helfen. Die Rettung Andromedas ist in der Legende von Kassiopeia beschrieben.
Perseus und Andromeda heirateten und führten ein glückliches Leben, das nur von einem beklagenswerten Vorfall unterbrochen wurde. Als Perseus einmal an einem Diskuswettkampf teilnahm, traf er versehentlich einen Zuschauer und tötete ihn. Der Zuschauer war sein Großvater, König Akrisios, so daß sich die Prophezeiung des Orakels, Perseus werde den Tod seines Großvaters verursachen, doch noch erfüllte. Dieses tragische Ereignis erfüllte Perseus mit so tiefer Trauer, daß er auf das Königreich, welches er erben sollte, verzichtete.

Die Legende vom Pfeil

Das kleine Sternbild Pfeil in der Nähe des Sternbilds Adler erinnert an den magischen Pfeil, mit dem Herkules den Adler Aquila erschoß, als dieser auf Zeus' Geheiß den Prometheus quälte. Mehr dazu in der Legende vom Adler.

Die Legende der Plejaden

Die Plejaden waren die sieben Töchter des Atlas und der Pleione. Es heißt, daß eines Tages der Jäger Orion versuchte, Pleione zu entführen, als sie mit ihren Töchtern spazierenging. Glücklicherweise konnte sie ihm entkommen, doch wie man am Himmel sehen kann, stellt Orion den Plejaden noch immer nach. Siehe auch die Legende vom Großen Bären.

Die Legende vom Schlangenträger

Für die Babylonier verkörperten die Sternbilder Schlange und Schlan-

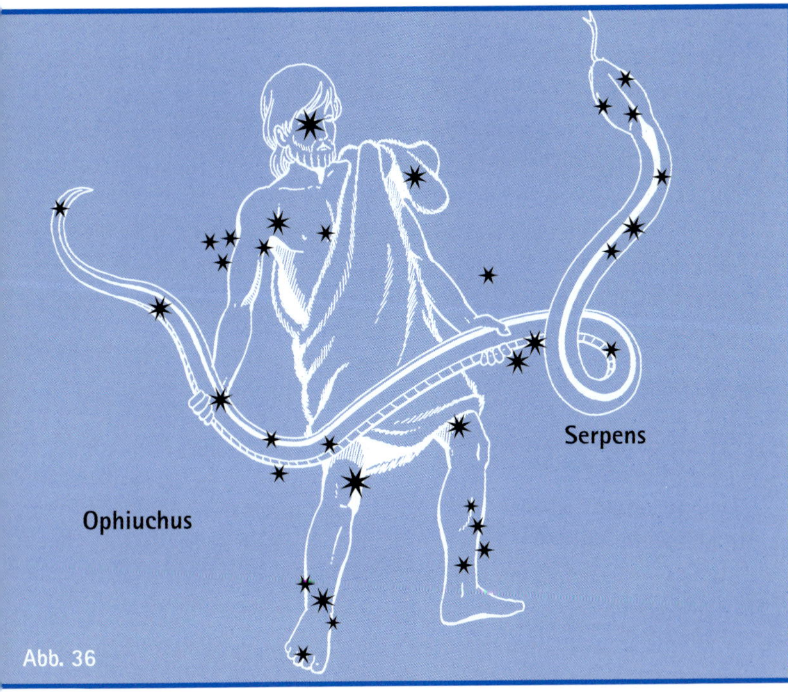

Abb. 36

genträger den Sonnengott Marduk im Kampf mit dem Drachen Tiamat. In der griechischen Mythologie identifizierte man den Schlangenträger dagegen mit Äskulap, dem Gott der Heilkunde.
Äskulap war der Sohn des Apollo und der thessalischen Prinzessin Koronis, die bei der Geburt Äskulaps starb. Schon als Kind war er eine so strahlende Erscheinung, daß seine göttliche Abstammung außer Zweifel stand. In die Heilkunst wurde er von dem weisen Zentaur Chiron eingeweiht. Eines Tages beobachtete Äskulap, wie eine Schlange mit Hilfe eines Heilkrauts eine tote Schlange wieder zum Leben erweckte. Äskulap nahm die Pflanze an sich und erweiterte damit seine Heilkünste beträchtlich.
In der Tat erwarb er sich so weitreichende medizinische Kenntnisse, daß Zeus befürchtete, es könne ihm sogar gelingen, die Menschen unsterblich zu machen. Um dies zu verhindern, sah sich Zeus

gezwungen, Äskulap mit einem Blitz zu töten. Immerhin räumte er ihm in der Form des Sternbilds Schlangenträger einen Platz am Himmel ein. Seit dieser Zeit gelten Äskulap und die Schlange als besondere Symbole der Heilkunst. Hippokrates, auf den die Ärzte heute noch ihren beruflichen Eid ablegen, gilt als ein Nachkomme des Äskulap.
Das heutige Wahrzeichen der Medizin, der Äskulapstab, erinnert an diese Legende. Es handelt sich um einen geflügelten Stab, um den sich eine Schlange windet. Der griechische Gott Hermes trug so einen Stab,

Die Legende vom Schützen

Das Sternbild Schütze stellt einen Zentauren dar, ein Wesen, das halb Pferd, halb Mensch über die Kraft eines Pferdes und den Verstand eines Menschen verfügt.
In der griechischen Mythologie war der weise und freundliche Chiron der König der Zentauren. Er unterrichtete nicht nur den berühmten Herkules und den Begründer der Heilkunde Äskulap, sondern auch den Anführer der Argonauten Jason, der nach dem Goldenen Vlies suchte, sowie andere Helden. Der Sage nach war es auch Chiron, der die Sterne so anordnete, wie wir sie heute sehen.
Auf einer von Herkules' Reisen ergab es sich, daß er Photos, den Sohn des Chiron, traf und ihm in einer gefährlichen Situation beistand. Chiron war ihm dafür so dankbar, daß er einen Zentauren mit Pfeil und Bogen an den Himmel versetzte, um Herkules vor Angriffen des Skorpions zu schützen.

Die Legende vom Schwan

Der Schwan ist wie das Sternbild Zwillinge ein Sinnbild für die Selbstlosigkeit und Hingabe, die wahre Freundschaft auszeichnen. Cygnus, der Schwan, und Phaethon, der Sohn des Sonnengottes

Abb. 37

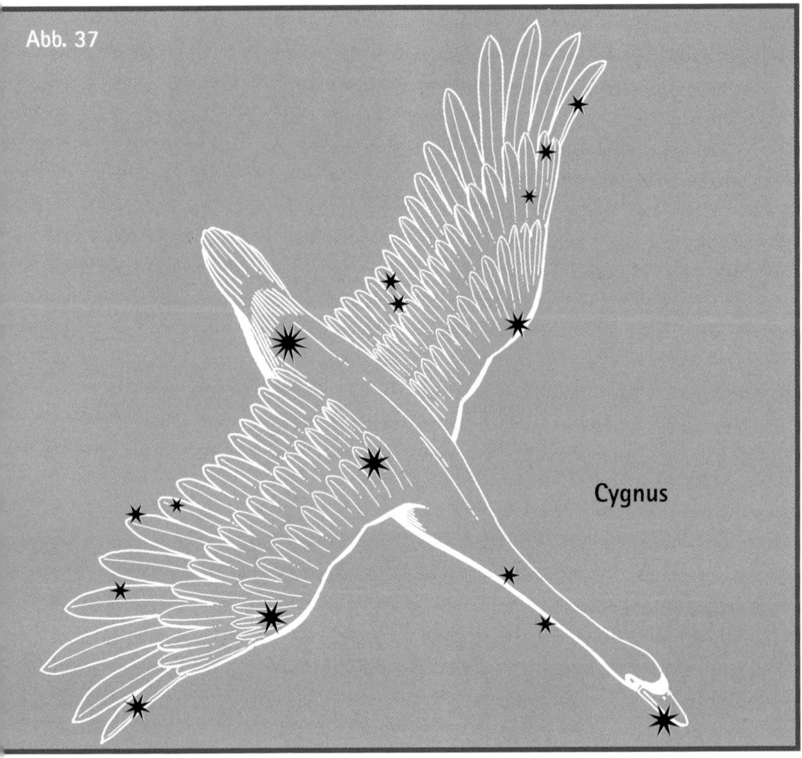

Helios und der Sterblichen Klymene, waren enge Freunde. Eines Tages wollte Phaethon den Menschen beweisen, daß er göttlicher Abstammung war, und bat seinen Vater dabei um Hilfe. Helios willigte ein und versprach Phaethon, ihm einen Wunsch zu erfüllen. Sogleich bat dieser um die Erlaubnis, für einen Tag den mit vier geflügelten Pferden bespannten Sonnenwagen lenken zu dürfen. Entsetzt warnte ihn sein Vater vor dieser gefährlichen und fast unmöglichen Aufgabe und drängte ihn, den Wunsch zurückzunehmen. Aber Phaethon bestand darauf, daß sein Vater sein Versprechen einlöste. Im Morgengrauen des nächsten Tages bestieg er also kühn den Wagen, um mit den riesigen geflügelten Pferden den Himmel entlangzufahren. Die Pferde spürten jedoch die Unerfahrenheit des Lenkers und flogen so schnell durch den Himmel, daß Phaethon vollständig die Gewalt über den Wagen verlor. In wilder Fahrt begann der Wagen so stark zu schlingern, daß die Sonne herauszufallen und die Erde zu verbrennen drohte. Als Zeus sah, was geschah, schleuderte er einen seiner Donnerpfeile gegen den Wagen, um die Erde vor der Zerstörung durch die heiße Sonne zu retten. Phaethon verlor dadurch vollends das Gleichgewicht und stürzte aus dem Wagen in den tosenden Fluß der Unterwelt, Eridanus. Cygnus, der seinen Freund in den Fluten untergehen sah, tauchte ohne zu zögern hinterher, um ihn zu retten. Überwältigt von diesem mutigen und selbstlosen Akt verwandelte Helios den abtauchenden Schwan in ein Sternbild, und so zieht Cygnus als Symbol wahrer Freundschaft bis heute seine Bahn am Himmel.

Die Legende vom Skorpion

Welche Rolle der Skorpion in der griechischen Mythologie spielte, ist in der Legende von Orion nachzulesen. In China ist das Sternbild als Blauer Drache bekannt.

Die Legende vom Stier

Der Stier war eine verbreitete Kultfigur im Altertum. Die Sumerer verehrten ihn als den »Stier des Lichts« und die Ägypter als den Gott Osiris-Apis. In der Bibel ist er als das Goldene Kalb erwähnt. Der Stier ist das Symbol für den Frühling, für die Jahreszeit des Pflügens und Pflanzens, aber auch für die Liebe, die besonders im Frühling zu gedeihen scheint.

Einer griechischen Legende zufolge verliebte sich Zeus in die schöne Prinzessin Europa, Tochter des Königs Agenor. Sie stand häufig am Ufer des Meeres und blickte sehnsuchtsvoll hinaus in die Ferne. Ihr Liebreiz bezauberte ihn so sehr, daß er sich in einen wunderschönen weißen Stier verwandelte, um sich ihr in dieser Form

zu nähern. Als die Prinzessin ihn ansah, spürte sie sofort, daß er ihr anbot, sie in die Ferne zu tragen. Der liebevollen Bitte seiner Augen konnte sie nicht widerstehen, und so kletterte sie auf seinen Rükken. Sogleich stürzte sich Zeus in der Gestalt des Stiers ins Meer und schwamm mit großer Geschwindigkeit nach Kreta. Dort nahm er wieder seinen eigenen Körper an, erklärte ihr, wer er war, und gestand ihr seine Liebe. Überwältigt von der Stärke und Aufrichtigkeit seiner Gefühle gab sich Europa Zeus hin und wurde seine Geliebte. Das Sternbild des Stiers erinnert an diese Liebesgeschichte.
Innerhalb des Sternbilds Stier befindet sich der Sternhaufen der Hyaden. Die Hyaden erhielten einen Platz am Himmel, weil sie die Ammen von Zeus' Sohn Dionysos waren.
Der Sternhaufen der Plejaden, der ebenfalls im Sternbild Stier liegt, erinnert an die sieben Töchter der Pleione und des Riesen Atlas. Über die Plejaden gibt es zahlreiche Legenden. Eine davon ist in der Legende vom Großen Wagen beschrieben.

Die Legende vom Walfisch

In der griechischen Mythologie wird der Walfisch Cetus als ein gräßliches Meerungeheuer dargestellt. Seine Geschichte ist in den Legenden von Kassiopeia und Perseus nachzulesen.

Die Legende vom Wassermann

In der Legende vom Wassermann geht es um Ganymed, den Wasserträger. Ganymed war ein Schafhirte, der so sanftmütig und freundlich war, daß ihm erlaubt wurde, Ambrosia zu kosten, die Speise der Götter, die unsterblich macht. Eines Tages, als Ganymed wieder die Schafe hütete und mit seinem Hund Argos spielte, sandte der Gott Zeus seinen riesenhaften Adler Aquila in die Ebene von Troja hinab, um Ganymed in den Tempel der Götter zu holen, wo er Zeus' persönlicher Wasserträger werden sollte. Fortan folgte Ganymed

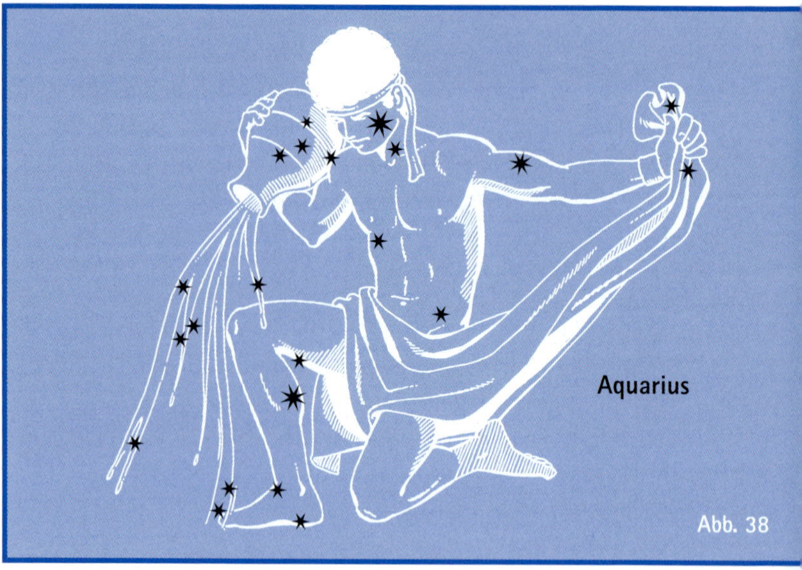

Abb. 38

Zeus, wohin er auch ging, und wurde dabei von Aquila, dem Adler, getragen. Wie gutherzig Ganymed war, merkten die Götter, als er Zeus darum bat, den Menschen helfen zu dürfen, die dringend Wasser benötigten. Zeus war an sich nicht sonderlich großmütig, doch Ganymeds Mitgefühl rührte ihn, und so gab er seine Zustimmung. Da Ganymed erkannte, daß zuviel Wasser auf einmal für die Erde schädlich sein könnte, entschloß er sich, es in Form von Regen zu verteilen. So kam es, daß der Schafhirte Ganymed schließlich als der Gott des Regens verehrt wurde.

Die Legende der Zwillinge Kastor und Pollux

Kastor, ein berühmter Pferdebändiger und Krieger, und Pollux, ein geschickter Faustkämpfer, waren Söhne des griechischen Gottes Zeus. Doch sie waren nicht nur Brüder, sondern auch sehr enge Freunde und ausgesprochen abenteuerlustig dazu. Einmal brachen

Abb. 39

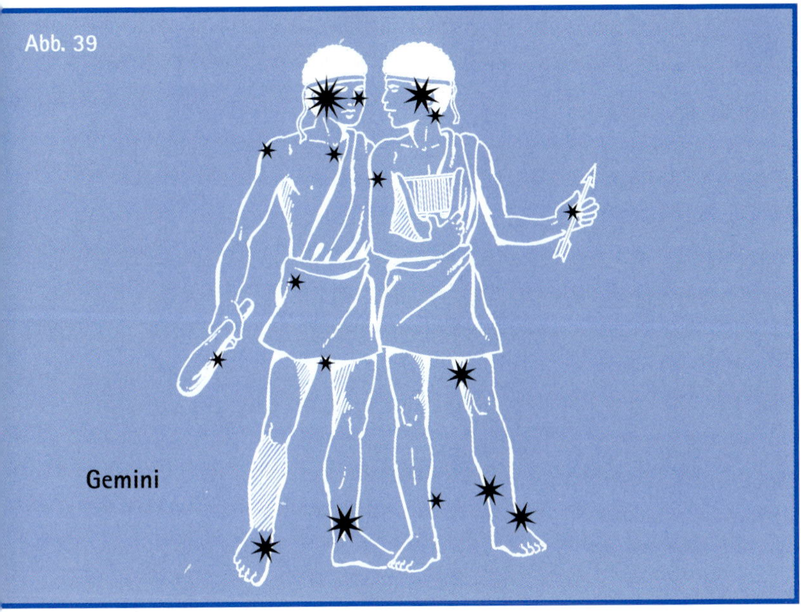

sie zu einer Seereise auf, um gegen Piraten vorzugehen, die immer wieder ehrliche Seeleute überfallen hatten. In ihrem Kampf gegen die Seeräuber waren sie so erfolgreich, daß die Seeleute sie als Kriegshelden verehrten und begannen, den Bug ihrer Schiffe mit geschnitzten Abbildern ihrer Idole zu verzieren. Wer schon einmal zur See gefahren ist, weiß, daß besonders bei stürmischem Wetter merkwürdige Lichter in der Takelage auftreten können. Wenn es zwei dieser Lichtfunken gibt, wird dies als ein Zeichen dafür angesehen, daß Kastor und Pollux ihre schützende Hand über das Schiff halten und der Sturm dem Boot nichts anhaben kann. Man nennt diese Lichterscheinung auch Elmsfeuer.

Bei einem ihrer Kämpfe gegen Diebe kam Kastor, der sterblich war, ums Leben. Pollux, selbst unsterblich, war untröstlich und bat Zeus darum, jeden zweiten Tag mit Kastor in der Unterwelt verbringen zu dürfen. Gerührt von diesem Beweis wahrer Freundschaft erfüllte Zeus nicht nur Pollux' Bitte, sondern versetzte die beiden außerdem nebeneinander als Sterne an den Himmel, damit sie für alle Zeiten die Menschen an den Wert der Freundschaft erinnern.

Legenden der Milchstraße

Die Milchstraße ist auf verschiedenste Weise gedeutet worden. In der antiken Mythologie wurde sie manchmal als die Straße zu Zeus' Palast angesehen und manchmal als die feurige Schleifspur, die Phaeton mit dem Sonnenwagen hinterließ, als er vergeblich versuchte, die geflügelten Pferde des Sonnengottes zu lenken.
Die Chinesen und Japaner betrachteten die Milchstraße als den silbernen Himmelsfluß.
Die skandinavischen Völker glaubten, daß die Milchstraße der Weg war, auf dem die verstorbenen Seelen nach Walhalla pilgerten. In Wales hielt man sie für die silberne Straße zum Schloß des Feenkönigs, Caer Groyden.
Die Algonquin-Indianer glaubten, daß die Milchstraße der Weg war, auf dem die Geister der Verstorbenen zu den Dörfern der Sonne reisten. Die einzelnen Sterne bildeten dabei Lagerfeuer, an denen sich die Toten auf ihrem Weg orientieren konnten.

Teil 4

Zirkumpolare Sternbilder

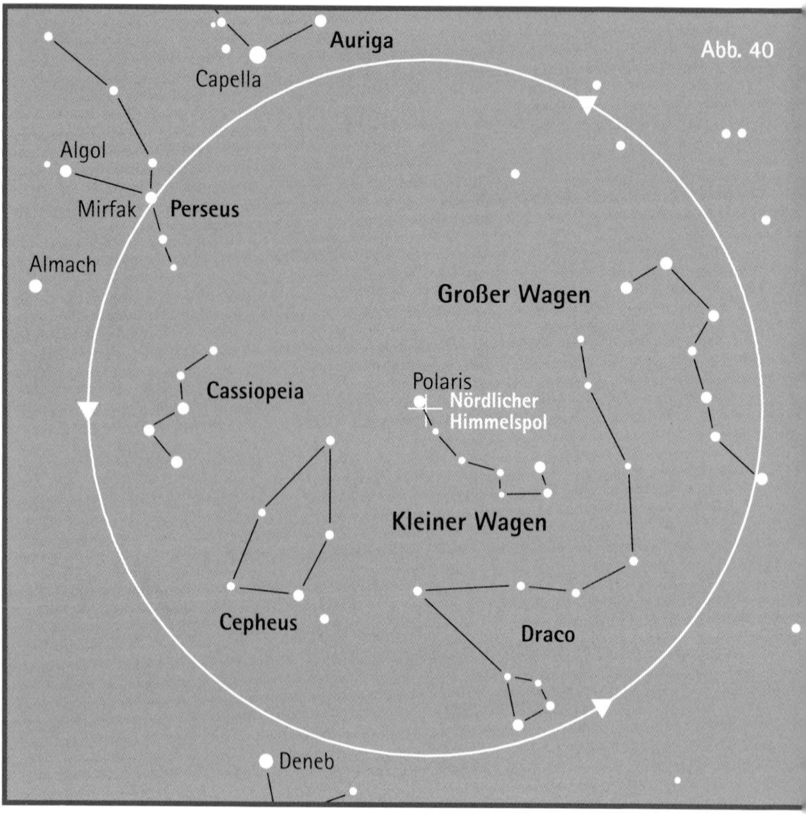

Für einen Beobachter nördlich des 40. Breitengrads sind bestimmte Sternkonstellationen das ganze Jahr hindurch über dem nördlichen Horizont sichtbar. Es handelt sich um die fünf Sternbilder Großer Wagen bzw. Großer Bär (Ursa Major), Kleiner Wagen bzw. Kleiner Bär (Ursa Minor), Kassiopeia, Kepheus und der Drache (Draco), die allesamt um den Polarstern zu kreisen scheinen. (Siehe Abb. 40.)

Die scheinbare Bewegung dieser Sternbilder um den Polarstern ist eine Folge der Drehung der Erde um die eigene Achse. Zieht man eine Linie durch die Pole der Erde und verlängert sie ins Unend-

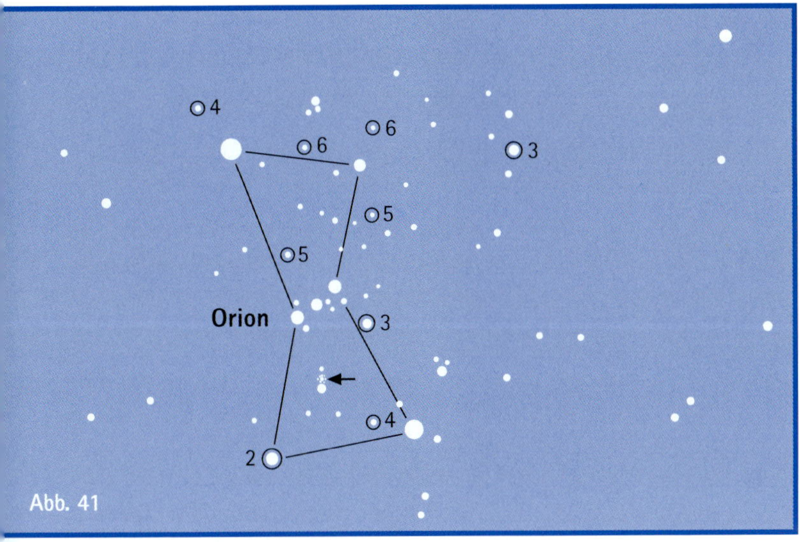

Abb. 41

liche, so liegt der Polarstern nur 0,8 Grad neben dem nördlichen Himmelspol, jenem Punkt der Himmelskugel, durch den die Verlängerung der Rotationsachse der Erde verläuft.

Sternbeobachtungen mit bloßem Auge – ein Sehtest

Obwohl es etwa 100 Milliarden Sterne wie die Sonne in der Milchstraße gibt, können wir unter idealen Bedingungen zu einem gegebenen Zeitpunkt jeweils nur etwa 2500 Sterne mit bloßem Auge sehen.

Sternfarbe

Sterne leuchten in verschiedenen Farben. Wie bei einer Flamme hängt die Farbe eines Sterns von seiner Temperatur ab. Die kältesten Sterne schimmern rötlich, die heißesten bläulich. Wenn wir genau hinschauen, können wir die Farben einiger der hellsten Sterne am Himmel erkennen. Zum Beispiel:

Rötlich:	Antares im Skorpion (Scorpius) Aldebaran im Stier (Taurus) Beteigeuze im Orion (Orion)
Gelblich:	Capella im Fuhrmann (Auriga)
Weiß:	Sirius im Großen Hund (Canis Major) Fomalhaut im Südlichen Fisch (Piscis Austrinus) Atair im Adler (Aquila)
Bläuliches Weiß:	Wega in der Leier (Lyra) Rigel im Orion (Orion) Regulus im Löwen (Leo) Spica in der Jungfrau (Virgo) Kastor in Zwillinge (Gemini) Deneb im Schwan (Cygnus)
Orange:	Arcturus im Bärenhüter (Bootes)
Gelbliches Weiß:	Procyon im Kleinen Hund (Canis Minor)

Sternhelligkeit

Die meisten Menschen können Sterne bis zur fünften Größenklasse erkennen, manche sind aber sogar in der Lage, Sterne bis zur sechsten oder siebten Größenklasse wahrzunehmen (siehe S. 97). Zur Erinnerung: je höher die Zahl, desto dunkler der Stern. Das Sternbild Orion ist ein ausgezeichnetes Versuchsobjekt. Die Zahlen in Abb. 41 geben die visuelle Helligkeit jedes einzelnen Sterns an. Versuchen wir auch, den in der Abbildung mit einem Pfeil gekennzeichneten verschwommenen Nebel unterhalb des Gürtels von Orion zu erkennen. Es handelt sich um eine diffuse Wolke aus Staub und Gas.

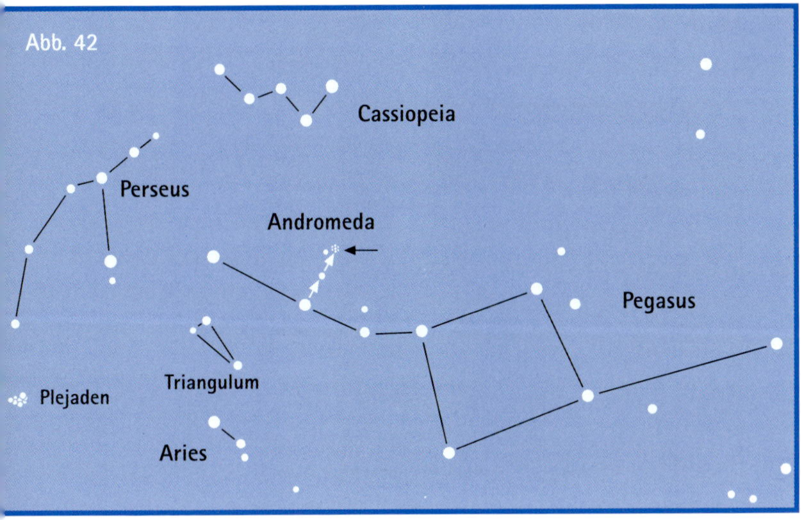

Ein anderes gut geeignetes Versuchsobjekt ist die Galaxie im Sternbild Andromeda. (Siehe das mit einem Pfeil markierte Gebilde in Abb. 42.)

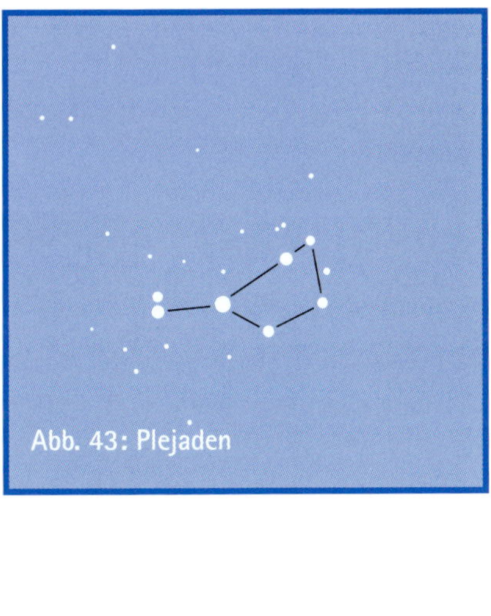
Abb. 43: Plejaden

Betrachten wir nun die Plejaden. Wer fünf Sterne unterscheiden kann, hat gute Augen, wer sechs oder gar sieben Sterne zu erkennen vermag, sieht ausgezeichnet.

Der Kleine Wagen und der Bärenhüter eignen sich ebenfalls gut für einen Sehtest (Abb. 44 und 45).

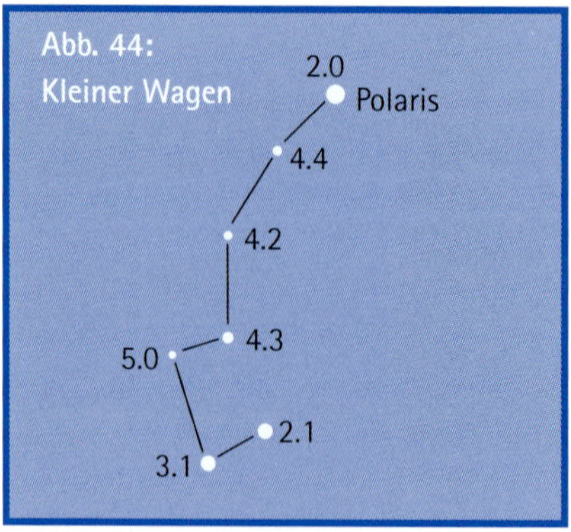

Abb. 44: Kleiner Wagen

Wir halten nach Alcor Ausschau, der sich neben Mizar (Stern 2) im Großen Wagen befindet. Alcor ist ein Stern der Größenklasse 4. (Siehe Abb. 6 in Teil 2.)

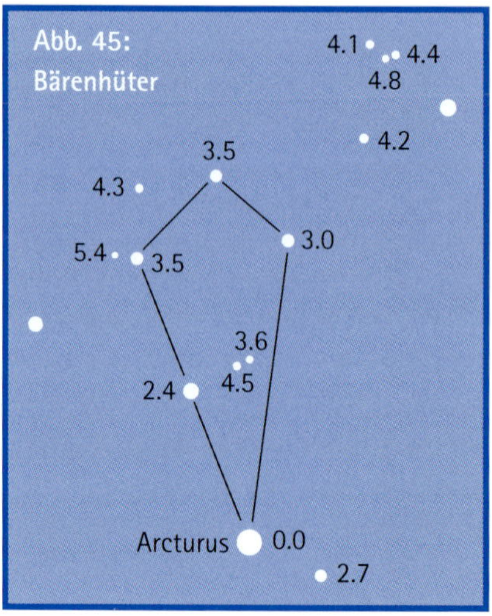

Abb. 45: Bärenhüter

Das Funkeln der Sterne geht übrigens nicht von den Sternen selbst aus, sondern ist eine Folge der Luftbewegung in der Atmosphäre, wodurch die Lichtstrahlen unregelmäßig gebrochen werden. Wenn die Luft sehr unruhig ist, können sogar Planeten funkeln.

Beobachtungen mit dem Fernglas

Ferngläser werden nach ihrem Vergrößerungsfaktor sowie dem Durchmesser ihres Objektivs bewertet. Je größer der Durchmesser des Objektivs, desto mehr Licht wird eingefangen. Die menschliche Pupille hat maximal 8 Millimeter Durchmesser. Damit können wir Sterne bis zu einer visuellen Helligkeit von sechs oder sogar sieben wahrnehmen. Ein Fernglas, das mit »7x32« beschriftet ist, das also 7fach vergrößert und ein Objektiv von 32 Millimeter Durchmesser besitzt, nimmt fast 20mal soviel Licht auf wie das bloße Auge. Dank des höheren Lichteinfalls können wir deshalb mit einem Fernglas Sternhaufen, Doppelsterne, Nebel und Galaxien sowie Sterne bis zur 9. oder 10. Größenklasse unterscheiden, was mit bloßem Auge ausgeschlossen wäre.
Ein Sternhaufen ist eine Gruppe sehr eng beieinander stehender Sterne. Unter einem Doppelstern versteht man zwei Sterne, die so dicht zusammenstehen, daß man sie für einen einzigen Stern hält. Nebel sind Staub- und Gaswolken, die vor dem Hintergrund heller Sterne dunkel wirken können. Manchmal leuchten sie jedoch auch, wenn sie von einem hellen Stern in der Nähe angestrahlt werden. Galaxien sind Sternsysteme ähnlich unserer Milchstraße. Sie werden manchmal auch als »Welteninseln« bezeichnet.

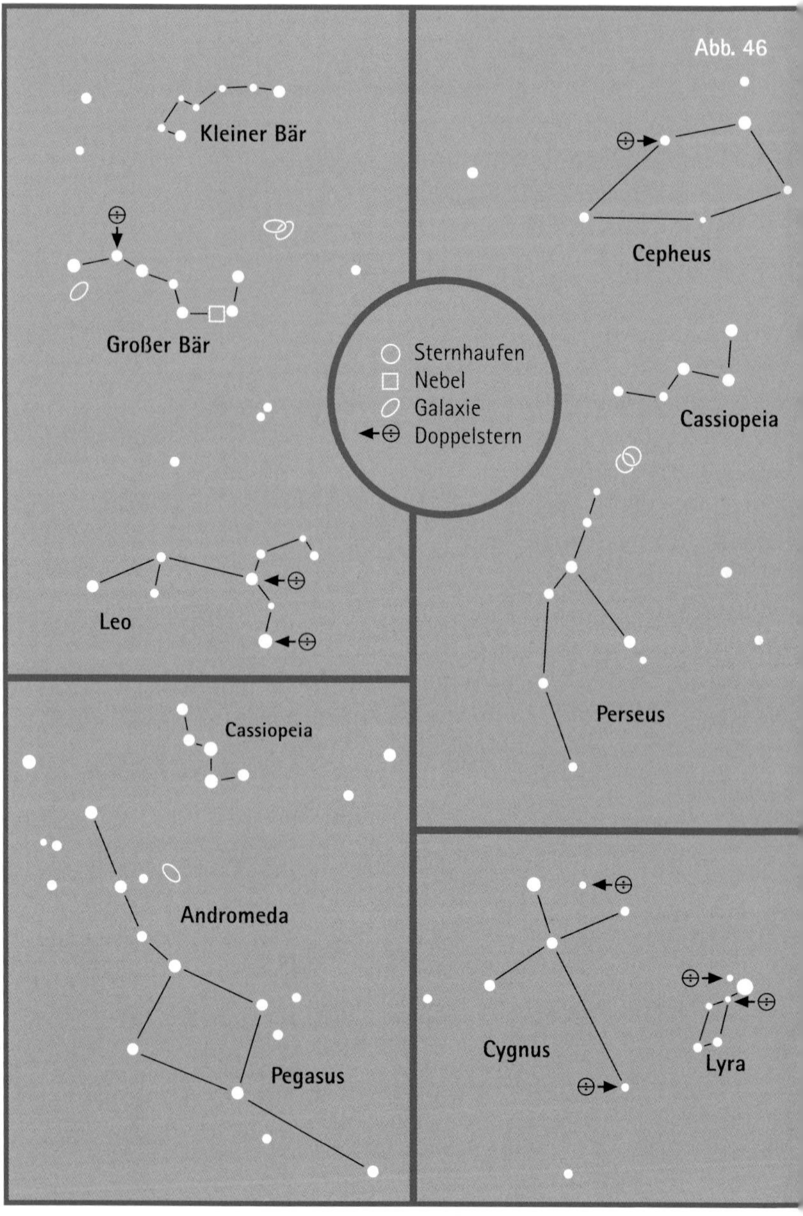
Abb. 46
Kleiner Bär
Großer Bär
Leo
Cepheus
Cassiopeia
Perseus
Sternhaufen
Nebel
Galaxie
Doppelstern
Cassiopeia
Andromeda
Pegasus
Cygnus
Lyra

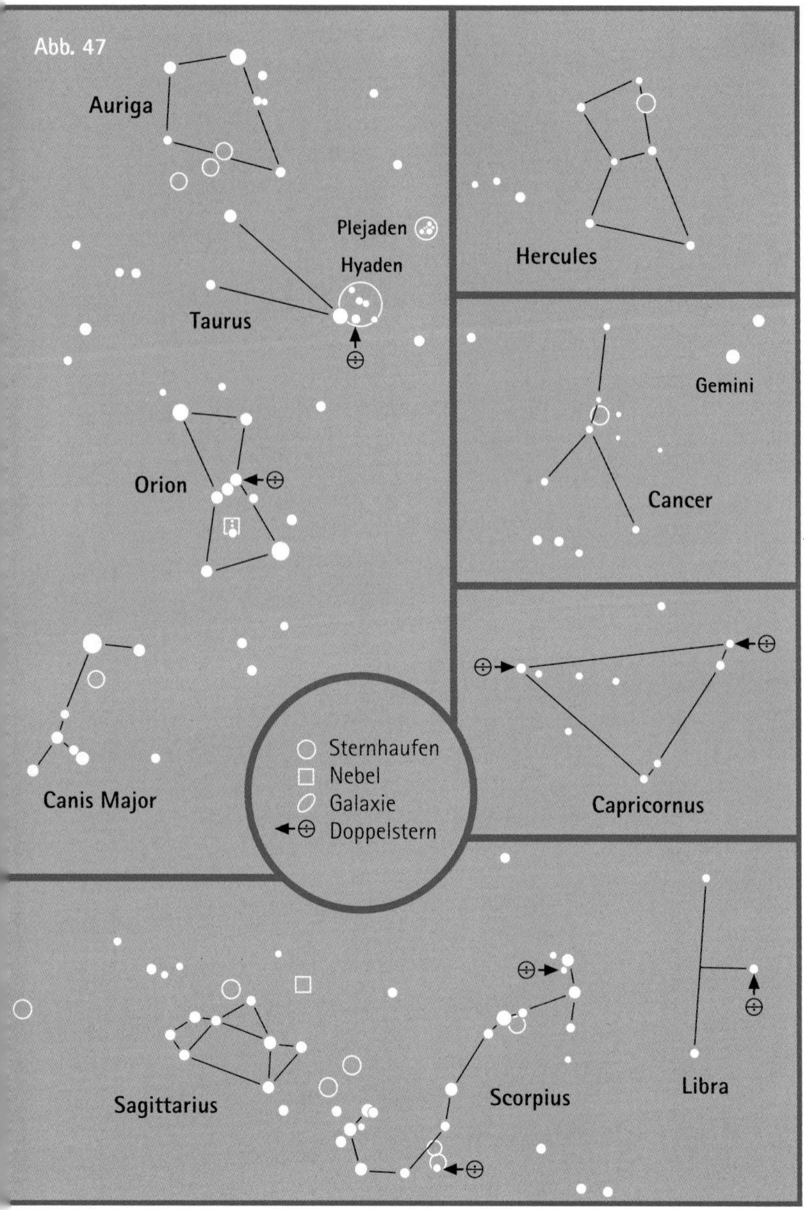
Abb. 47
Auriga
Plejaden
Hyaden
Taurus
Orion
Canis Major
Hercules
Gemini
Cancer
Capricornus
Sternhaufen
Nebel
Galaxie
Doppelstern
Sagittarius
Scorpius
Libra

Verzeichnis der Sternbilder

Dreiecke	*Seite*	*Abbildung*
Sommerdreieck		17, 24, 31
Winterdreieck		28
Südliches Sommerdreieck		31